Electric Vehicle Primer

EV
전기자동차

GoldenBell
www.gbbook.co.kr

Preface

국내의 전기 자동차는 2009년 제41회 동경모터쇼에 「(주)대진CT&T」가 출전한 이력을 가지고 있다. 그 해 9월 9일 현대자동차에서는 국내 최초로 전기 자동차 「블루 온」을 공개한 이후 승용차의 「아이오닉」「코나」, 전기 버스 「일렉시티」를 출시하였다.

기아자동차에서는 「레이」「쏘울」「니로」가 출시되었으며, 2020년부터는 전기 자동차 및 연료 전지 자동차의 양산 채비를 갖추고 있다. 여기에 리튬이온 배터리의 국내 기술은 세계적으로 손꼽히고 있다.

전기 자동차는 화석 연료로 구동하는 내연기관 자동차와는 다르다. 전기 자동차에 사용되는 모터는 경부선을 300km/h를 능가하여 주행할 수 있고, 초고층 건물의 엘리베이터를 몇 십초 만에 정상까지 올라갈 수 있는 속도와 힘을 갖고 있다.

전기 자동차는 모터의 동력을 활용함으로써 자동차 이용에 새로운 가치를 부여함과 동시에 지구가 몸살을 앓고 있는 환경오염 방지의 첨병으로서 우리의 건강까지 케어한다.

아직은 전기 자동차 실용도가 초도 단계이다보니 세계 자동차메이커마다 기술의 비밀은 매우 높다. 그나마 국내 외에 산재된 자료들을 모아모아 최초로 '전기자동차' 입문서를 발행하는 것이다.

▶ 전기자동차의 탄생과 역사편
▶ 핵심 기술이라 할 수 있는 모터와 배터리 기초편
▶ 직류와 교류를 변환하는 인버터와 충전기편
▶ 구동 · 조향 · 브레이크 시스템편
▶ 패키징 · 쾌적함과 안락성편
▶ 전기자동차의 미래편

전기 자동차를 궁금해하는 학생과 현장인들에게 충분하지는 않겠지만 전기 자동차 구조와 기능 등을 파악하는데 길잡이가 되었으면 하는 바람이다.

2018. 11.
강주원 · 이진구

CONTENTS

1. 전기 자동차의 탄생

2. 모터의 기초

3. 배터리의 기초

PART 01

전기 자동차의 탄생

내연기관을 사용하는 일반적인 자동차에서는 가솔린 등 화학연료를 사용하기 때문에 배출가스에 의한 대기오염을 걱정하는 반면에 전기 자동차는 구동용 고전압 배터리를 이용하여 모터로 구동되기 때문에 배기가스 걱정이 없는 무공해 친환경 자동차이다.

이 단원에서는 전기 자동차의 역사와 국내외 전기 자동차의 현황 및 기술 동향을 알아보고 내연기관 자동차와는 어떻게 다르며, 실용화 단계의 문제점 등을 살펴보기로 한다.

전기 자동차의 역사

전기 자동차의 역사를 거슬러 올라가보면 내연기관을 사용한 자동차보다 훨씬 먼저 등장하였다. 전기만 있으면 모터는 쉽게 움직이지만 자동차에 탑재하는 소형 엔진의 개발이 무척 어려웠기 때문이다.

01 모터는 일찌감치 차량의 동력으로 이용

미국인 발명가 토마스 다벤포트Thomas Davenport가 1834년에 미국에서 최초로 직류 모터를 발명하여 1837년에 전기 모터에 대한 특허를 획득하였다고 알려져 있다. 그리고 배터리의 전기로 모터를 구동하여 달리는 작은 모형을 만들었는데, 이것이 나중에 노면路面 전차의 시작이 되었다고 한다.

이 작은 모형은 모터 구동의 발전에 있어서 하나의 중요한 요소가 된다. 한편, 가솔린(당초에는 휘발유)을 연료로 엔진을 작동하여 달리는 내연기관 자동차는 1886년에 독일의 칼 벤츠Karl Friedrich Benz가 발명하였다. 그것이 가능했던 것은 그때까지의 엔진이 사람의 몸체같은 붙박이형이었던 것을 독일인 고트리프 다임러Gottlieb Daimler와 벤츠가 소형화했기 때문이다.

엔진보다 소형화가 먼저 진행된 것은 모터였지만 전기 자동차의 탄생은 내연기관 자동차보다 조금 늦어졌다. 모터를 구동하는데 필수불가결한 배터리의 실용화에 시간이 걸린 탓도 있을 것이다. 배터리는 1894년에 에밀 E 켈러Emil E Keller에 의해 발명되었다고 알려져 있다.

덧붙여 말하면 벤츠의 내연기관 자동차가 탄생하기 4년 전에 가선架線에서 전기를 얻는 세계 최초의 무궤도 전차trolley bus가 독일 지멘스Siemens에 의해 베를린 교외에서 운전되기고 한다.

어찌 되었든 전기를 사용하여 모터로 움직인다는 발상은 다벤포트에 의해 그 문이 열렸으며 전기 자동차는 내연기관 자동차보다 먼저 탄생한 것이다.

> **가선**
> 전력공급용 전선, 전기철도용 전선을 철탑·철구 등의 지지물에 적당한 높이로 설치하는 것을 말한다.

02 전기 자동차의 실용화는 21세기로부터

전기 자동차는 19세기에 내연기관 자동차와 경쟁하듯이 탄생했음에도 불구하고 배터리 성능이 낮아 21세기까지 발전하지 못했다. 반면에 내연기관 자동차는 석유산업의 발전과 더불어 주유소가 보급되며, 순식간에 전 세계로 확산되었다.

그 사이에 배터리가 아닌 노면 전차처럼 가선에서 전기를 연결하여 달리는 트롤리버스가 나타나기는 했었지만 엔진으로 달리는 버스보다 실용성이 떨어졌다. 도로만 있다면 자유로이 이동할 수 있는 자동차의 특성을 살린 전기 자동차가 진정한 실용성을 갖추기까지는 1990년대 후반 **리튬이온 배터리**의 등장을 기다리게 된 것이다.

◑ 토마스 다벤포트
(Thomas Davenport)

년도	내용
1802년	미국 버몬트 주 탄생. 대장장이이다.
1833년	뉴욕에서 전자(電磁)석을 입수하다.
1834년	미국 최초로 직류 모터를 발명. 그것을 사용한 다음 노면 전차에 해당하는 전동 차량의 모형을 만든다.
1837년	미국 최초의 전기기계에 관한 특허를 부인인 Emily와 동료인 Orange Smalley와 공동으로 취득.
1851년	향년 48세 사망. 직류 모터의 발명가로서 후세에 알려짐.

◑ 노면전차

◑ 전기 자동차

전기 자동차의 부흥과 쇠퇴

전기 자동차가 인기를 얻었던 시대가 있었다. 그것은 엔진보다 모터가 훨씬 운전 조작이 쉽고 소음 없이 조용하고 여성도 쉽게 운전할 수 있는 친근감이 있었기 때문이다. 그러나 내연기관 자동차가 성능을 향상시킴에 따라 전기 자동차는 차츰 모습을 감췄다.

01 전기 자동차가 주역인 시대가 있었다

오늘날 스포츠카로 유명한 독일의 포르쉐도 처음에는 전기 자동차에서 시작되었다. 포르쉐라는 자동차 메이커가 확립되기 전 창업자인 페르디난트 포르쉐Ferdinand Porsche 박사가 오스트리아의 로너Jacob Lohner & Co사에서 만든 제 1호차는 전기 자동차였다. 그러나 배터리의 성능이 좋지 않아 주행거리를 증가시키지 못하게 되면서 포르쉐 박사가 생각한 것이 엔진으로 발전기를 돌려서 모터로 주행하는 하이브리드 카였다. 이때가 1900년의 이야기이다.

미국에는 자동차의 대량생산을 시작한 헨리 포드의 부인 클라라가 디트로이트 엘렉트릭사가 만든 전기 자동차를 탔으며, 발명가인 토머스 에디슨도 스튜드베이커Studebaker사의 전기 자동차를 탔다. 1930년 미국에서는 33개 사에 이르는 전기 자동차의 제작사가 있었다고 한다.

> **발전기**
> 기계적 에너지를 전기적 에너지로 변환하는 기기를 말한다.

02 리튬이온 배터리의 발명이 전기 자동차를 불러일으켰다

20세기 말이 되면서 다시금 전기 자동차가 각광을 받게 되었다. 1990년에 캘리포니아 주에서 ZEVZero Emission Vehicle 법이 제정되었기 때문이다. 당초의 법안에 의하면 1998년에는 캘리포니아 주에서 판매되는 신차의 2%는 배기가스를 일절 배출하지 않는 자동차, 즉 전기 자동차의 판매를 의무화 하고 있었다. 미국 시장을 중시하던 자동차 메이커들은 모두 전기 자동차의 개발에 나서게 되었다.

　　그럼에도 불구하고 대량으로 보급에 이르지 못한 최대 요인은 배터리의 성능 때문이었다. 20세기 말에 리튬이온 배터리가 등장하면서 21세기 실용화에 대한 토대가 마련되었고 이제 전기 자동차의 시대가 도래 하고 있는 것이다.

◆ 전기 자동차의 역사 (세계)

년도	내용	발명가
1800년	볼타 전지(갈바니 전지)의 발명	Alessandro Volta
1834년	실용적인 전동기를 발명	Thomas Davenport
1838년	전기 기관차를 발명	Robert Davidson
1859년	납축전지의 발명	Gaston Plante
1881년	납축전지의 양산화	Camille Alphonse Faure
1894년	전기 자동차의 특허취득	Emil E. Keller
1899년	자동차 역사상 최초의 시속 100km 초과를 전기 자동차로 달성	Camille Jenatzy
1900년	In-wheel식 전륜구동의 전기 자동차 제작	Ferdinand Porsche
1901년	철니켈 전지 발명	Thomas A. Edison
1903년	전기 자동차의 특허 취득	Thomas A. Edison
1912년	전기 자동차의 생산 쇠퇴	
1989년	GM 「Impact」 발표	
1990년	미국 캘리포니어 주에서 「ZEV 프로그램」제정	
1996년	GM [EV1] ([Impact]의 생산차)를 제조, 1997년형으로서 리스 판매	
2003년	GM [EV1] 생산 중지	

한국의 전기 자동차

2009년 제 41회 동경모터쇼에 한국의 전기 자동차 대진 CT&T가 출전하였다. 한국도 리튬이온 배터리의 생산에서는 세계적이기 때문에 그러한 전기기기의 기술이 전기 자동차의 발전에 큰 도움이 되었다.

01 현대 전기 자동차 블루 온

2009년 9월 9일 현대 자동차는 국내 최초로 개발된 전기 자동차 '블루 온 (BlueOn)'을 공개하였다.

유럽전략 소형 해치백 모델인 'i10'을 기반으로 개발된 전기 자동차 '블루 온' 은 약 1년의 연구기간 동안 총 400억 원의 개발비를 투입해 완성되었다. 차명 '블루 온'은 '친환경적인, 새로운, 창조적인' 이미지를 나타내는 현대자동차의 친환경 브랜드 '블루(Blue)'에 전기 자동차 시대의 '본격적인 시작(Start On)' 및 전기 '스위치를 켜다(Switch On)'라는 의미의 '온(On)'을 조합된 합성어로 탄생한 자동차명이다.

전장 3,585mm, 전폭 1,595mm, 전고 1,540mm의 차체 크기를 갖춰 콤팩트한 이미지로 구현된 '블루 온'은 고효율의 전기 모터와 함께 국내 최초로 국산화 개발에 성공한 16.4kWh의 전기 자동차 전용 리튬이온 폴리머 배터리를 탑재하였고, 최고 출력 81ps(61kW), 최대 토크 21.4kgf·m(210Nm)의 강력한 동력성능을 갖췄다.

> 블루 온
> 친환경 브랜드
> 블루(Blue)+
> 본격적인 시작
> (Start On)+
> 스위치를 켜다
> (Switch On)=
> 를 조합하여 탄생하였다.

◑ 블루 온 전기 자동차

최고속도 130km/h를 달성했으며, 정지 상태부터 100km/h까지 도달 시간도 13.1초로 동급 가솔린 차량보다 우수한 가속 성능을 갖췄다. 특히 전기 동력 부품의 효율을 향상시키고 전자식 회생 브레이크를 적용하여 1회 충전으로 최대 140km까지 주행이 가능하고, 일반 가정용 전기인 220V을 이용한 완속 충전 시에는 6시간 이내에 90% 충전이 가능하며, 380V의 급속 충전 시에는 25분 이내에 약 80% 충전이 가능하며 특징으로는 다음과 같다.

① 전기 자동차 전용 구동 모터

　　유도 전동기로 개발되어 100% 소재 국산화가 가능하며, 최고 출력 81ps(61kW), 최대 토크 21.4kg·m(210Nm)를 확보하여 가솔린 차량과 비교해도 손색없는 동력 성능을 발휘한다.

② 리튬이온 폴리머 배터리

　　셀을 최적화하여 시스템도 내부저항을 저감시키고 설계 및 제어 정밀도도 향상시켜 충전 및 방전시 최적의 상태를 유지할 수 있도록 해 수명이 크게 향상되었다. 또한 과충전시 전류를 차단하는 구조와 세라믹 코팅 분리막을 적용해 배터리의 안전성을 높이는 한편, 릴레이와 퓨즈 등 고전압 능동 보호 기구를 적용하여 시스템의 신뢰성도 확보하였다.

③ 인버터

　　배터리에서 출력되는 직류 고전압을 교류 전압으로 변환하여 구동 모터에 공급하고 각종 제어를 수행하는 장치로써 반도체 스위치 모듈, 구동 및 제어 회로부, 전류 센서, DC-Link 콘덴서 및 보호·인터페이스 회로 등으로 구성되어 있다.

④ 탑재형 완속 충전기(OBC)

　　배터리 재충전이 필요한 경우 전용 충전소에서의 급속 충전뿐만 아니라 가정용 교류 전원을 변압기를 통해 승압하고 정류기를 통해 DC 전원으로 변환시켜 고전압 배터리를 충전할 수 있도록 하는 역할을 한다.

⑤ 직류 변환 장치(LDC, Low Voltage DC-DC Converter)

　　고전압 배터리에서 나오는 330V를 12V의 저전압으로 변환하여 12V 보조 배터리의 충전 및 차량 전장부하에 전원을 공급하는 역할을 한다.

⑥ 차량 제어기(VCU, Vehicle Control Unit)

　　국내 최초로 구동 및 회생 제동, 완속 및 급속 충전 등의 각종 기능들을 효율적이고 체계적으로 관리할 수 있도록 하는 역할을 한다. 모터 제어기와 함께 토크 제어를 최우선으로 수행하게 되며, 그 외에도 시동 시퀀스 제어, 고장 진단 제어, 에너지 관리 최적 제어 등을 CAN으로 연결된 하위 제어기와 협조하여 수행한다.

⑦ 회생 제동용 브레이크 시스템(AHB, Active Hydraulic Booster)

　　전기 자동차의 특성에 맞게 제동 중 배터리를 충전한다. 회생 제동 브레이크 시스템은 모터를 이용하여 유압을 직접 생성하고 그 유압을 통해 제동력을 확보하도록 한 전동식 유압부스터를 적용했다.

02 현대 전기 자동차 아이오닉

◑ 아이오닉 전기 자동차

아이오닉 전기 자동차는 배터리와 전기 모터만을 움직여 주행 중 탄소의 배출이 전혀 없는 친환경 자동차로 최대 출력이 88kW(119.7ps), 최대 토크가 295Nm(30.1kgf·m)인 모터를 적용한 고속 전기 자동차이다.

또한 28kWh의 고용량 리튬이온 폴리머 배터리를 장착하여 1회 충전(완전 충전 기준)으로 200km까지 주행이 가능하며, 도심 기준 1회 충전 주행거리는 217km로 국내 전기차 중 처음으로 200km 고지를 밟은 전기 자동차라는 타이틀까지 얻게 됐다.

급속 충전시 24~33분(100kW/50kW 급속충전기 기준), 완속 충전시 4시간 25분 만에 충전이 가능하다. 특히 고효율 전기 자동차 시스템 탑재, 알루미늄 소재 적용 등 차량의 경량화, 공기 저항을 최소화한 에어로 다이내믹 디자인 등을 구현하였으며 특징은 다음과 같다.

① 히트 펌프 시스템

냉매 순환 과정에서 얻어지는 고효율의 열과 모터, 인버터 등 전기 자동차의 파워트레인 전장부품에서 발생하는 폐열廢熱까지 모든 열을 사용하여 난방장치 가동 시 전기 자동차의 전력을 절약할 수 있다.

② 차량의 운동에너지 일부를 회수하여 다시 에너지로 사용할 수 있는 '회생 제동 시스템' 등 에너지를 효율적으로 활용하는 다양한 기술이 적용되었다.

③ 정면충돌 시 에너지 흡수 및 승객실 변형의 억제 기능 강화, 충돌 시 승객 안전을 확보할 수 있도록 주요 하중 전달 부위를 초고강도로 강화하는 등 안전성을 향상시켰다.

④ 차량 혹은 보행자와의 충돌이 예상되면 차량을 제동시켜 피해를 최소화하는 자동 긴급 제동 보조 시스템(AEB), 방향지시등 조작 없이 차선을 이탈할 경우 경고뿐 아니라 스티어링 휠을 제어하여 차선 이탈을 예방해 주는 주행 조향 보조 시스템(LKAS), 후측방에서 고속으로 접근하는 차량은 물론 출차 시 측방에서 접근하는 차량을 인지하여 경고를 주는 스마트 후측방 경보 시스템(BSD) 등의 다양한 안전사양을 적용하였다.

⑤ 정지 상태에서 시속 100km/h까지 10.2초(노멀 모드 기준) 이내에 도달할 수 있으며, 최고 속도는 165km/h에 이르는 우수한 동력 성능을 갖췄다.

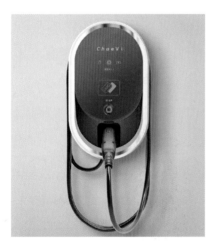

◗ 홈 충전기

◗ 220V 휴대용 충전케이블

03 현대 자동차 코나 일렉트릭

◑ 코나 전기 자동차

소형 SUV 전기 자동차 코나 일렉트릭은 완전 충전 기준 1회 충전 주행 가능거리 406km를 최종 인증 받아 한 번 충전으로 서울에서 부산까지 편도 운행이 가능한 주행거리를 갖추게 되었다.(64kWh 배터리 기준) 최대 출력 150kW(204마력), 최대 토크 395Nm(40.3kgf·m)의 전용 모터를 탑재 하였으며, 배터리 충전 시간은 64kWh 배터리 기준 100kW 급속충전(80%)시 54분, 7kW 완속충전(100%)시 9시간 35분이 소요된다.

차체의 강건성 증대 골격 구조, 플로어 연결 구조 강화, 실내·외 격자형 골격 구조, 측면 충돌시 차체 변형 방지 연결 구조 등으로 안전성을 높이고 전 트림에 **전방 충돌방지 보조**(FCA), **차로 이탈방지 보조**(LKA), **운전자 주의 경고** (DAW) 등의 핵심 안전 사양을 기본으로 적용하였다. 또한 SUV **스마트 크루즈 컨트롤**(Stop&Go 포함), **차로 유지 보조**(LFA), **고속도로 주행보조**(HDA) 등 다양한 첨단 사양을 적용해 편의성을 높였다.

코나 일렉트릭 자동차
현대 전기 자동차로 소형 SUV이다. 코나는 겨울철에 하와이 제도를 엄습하는 폭풍에서 얻은 이름이다.

◑ 충전 중인 전기 자동차

◑ 전방 충돌방지 보조·전방 충돌 경고

◑ 차로 이탈방지 보조·차로 이탈 경고

04 현대 전기 버스 일렉시티

◑ 전기 버스 일렉시티

전기 버스
약 8년여 동안의 개
발 기간을 거친 일
렉시티는 30분의
단기 충전만으로도
170km 주행이 가
능하다.

2010년 1세대 전기 버스 개발을 시작으로 약 8년여 동안의 개발 기간을 거친 일렉시티는 256kWh 고용량 **리튬이온 폴리머** 배터리를 적용해 정속주행 시 1회 충전(72분)으로 최대 319km를 주행할 수 있고, 30분의 단기 충전만으로도 170km 주행이 가능하다.

◑ 전중문 초음파 센서

◑ 가상 및 후방경보 엔진 사운드 장치

(1) 시스템의 구성

배터리는 루프roof 상부, 각종 전기장치는 차량 후방의 엔진룸 위치에 탑재되었고 구동 모터는 양쪽 후륜에 직접 장착되었다.

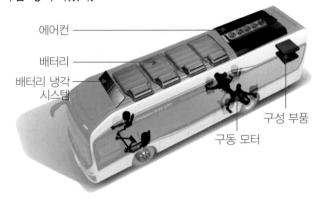

에어컨
배터리
배터리 냉각 시스템
구성 부품
구동 모터

(2) 파워 시스템

급속 충전기를 통해 고전압 배터리를 충전하고 충전된 교류 전압을 직류 전압으로 변환하여 모터를 구동한다.

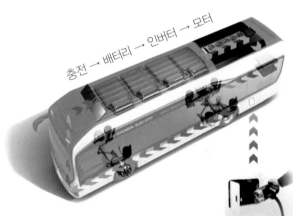

충전 → 배터리 → 인버터 → 모터

① 액슬 일체형 모터

모터의 최고 출력은 120KW, 최대 토크는 50.7kgf·m 이다.

② 배터리

대용량 고효율 배터리, 256kwh 대용량 고효율의 배터리는 교통의 지체 구간이 많은 노선이나 장거리 운행 노선, 언덕 구간 등의 전기 소모율이 높은 운행 노선에 적합하며, 정속 주행시 1회 충전으로 최대 319km(73kph 정속 주행 기준)를 주행할 수 있다. 또한 단거리 노선에 있어서도 매회 충전 없이 3~4회를 연속적으로 운행할 수 있다.

③ 안전장치

소음과 진동이 없는 주행 감성과 앞문과 중앙 문의 안전 센서, 가상 엔진 사운드 등의 최첨단 안전장치가 장착되었다. 앞문과 중앙 문에 초음파 센서를 설치하여 승객의 승, 하차 시 안전사고를 예방하고 가상 엔진 사운드를 통해 버스의 움직임을 주변에 알려 보행자에게 경각심을 주며, 후방 경보장치를 통해 후방 사고를 미연에 방지한다.

05 현대 수소 연료 전지 자동차 투싼 iX

수소 연료 전지 자동차(FCEV : Fuel Cell Electric Vehicle)는 물 외에 이산화탄소와 같은 배기가스를 전혀 배출하지 않고, 배터리만 장착한 전기 자동차에 비해 주행거리가 길어 진정한 친환경 자동차로 불린다. 이 수소 연료 전지 자동차는 독자 개발한 100kW의 **연료 전지 스택**과 100kW **구동 모터**, 24kW의 **고전압 배터리**, 700기압(bar)의 **수소저장 탱크**를 탑재하였고, 영하 20도 이하에서도 시동이 가능하다.

또한, 최고속도 160km/h, 정지 상태에서 100km/h에 도달하는 시간은 12.5초로 내연기관 자동차에 견줄 수 있는 가속 및 동력 성능을 갖췄으며, 1회 충전 주행거리는 415km로 서울에서 부산까지 한 번에 갈 수 있는 수준이다(자체 시험 기준). 아울러, 파열 시험, 극한 반복 가압 시험, 화염 시험, 충격 시험, 낙하 시험 등 총 14개 항목의 내압용기(수소 저장 탱크) 인증을 거치고, 정면, 후방, 측면 충돌 시험 및 고전압, 수소 누출 등 13개 항목의 안전성 인증을 받는 등 신뢰성과 안전성을 동시에 확보하였다.

수소 충전소는 2014년 12월말 기준 전국에서 13기가 운영 중이다. 환경부는 2020년까지 10기를 추가 건설하고 오는 2022년까지 수소 충전소 310기 보급을 목표로 하고 있다.

> **수소 충전소**
> 2022년까지 수소 충전소 310기 보급을 목표로 하고 있다.

◑ 수소 연료 전지 자동차 투싼 iX

◑ 수소 연료 전지 자동차 투싼 iX

06 현대 수소 연료 전지 버스 일렉시티

전기 자동차와 마찬가지로 배출가스를 전혀 발생시키지 않으며, 성능 및 주행 능력 면에서 전기 자동차에 비해 탁월하다. 기존 내연기관에 비해 연료 효율이 2배 이상 높아 자연 에너지를 가장 효율적으로 사용할 수 있는 자동차로 각광받고 있다.

산업통상자원부는 2022년까지 수소 연료 전지 자동차 1만 5천대 보급, 전국 310개 수소 충전소 구축 등 수소 연료 전지 자동차의 확산을 위해 규제를 발굴·해결하고, 적정 수소가격의 설정 및 안정적인 수소 공급 등 세부 정책 과제들도 추진할 계획이다.

현대자동차는 지난 2004년, **수소 연료 전지 버스** 개발에 착수해 1세대 모델을 2006년 독일 월드컵 시범운행과 정부과제 모니터링 사업(2006년~2010년)에 투입한 바 있다. 이후 2009년 개선된 연료 전지 시스템과 자체 개발한 영구 자석 모터를 적용한 2세대 모델을 개발하여 2015년 광주광역시 수소버스 운행 시범사업에 전달했다. 2018년 10월 22일부터 울산광역시 124번 시내버스 노선에 운행되는 수소전기 버스는 일반 시민을 태우고 시내를 운행하는 정기노선 버스로 운영되는 만큼, 버스로서의 실용성을 고려해 실 도로 주행에 필요한 가속 성능, 등판 성능, 내구성 등을 대폭 강화하였다.

◑ 수소 연료 전지 버스 일렉시티

(1) 파워 시스템

연료 전지 스택에서 생성된 전기 에너지로 모터를 구동하여 주행한다. 수소 탱크 + 연료 전지 + 전기 버스 구동계로 구성되며, 수소 충전소에서 수소를 충전하고 이 수소가 연료 전지에서 산소와 결합하여 전기와 물로 변환된다. 이렇게 만들어진 전력은 휠을 구동할 수 있는 동력원이 된다.

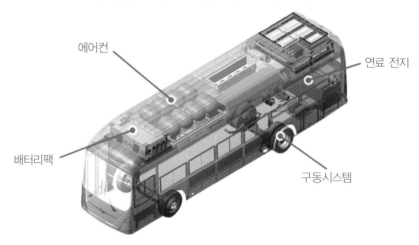

07 현대 수소 연료 전지 자동차 넥쏘

2025년까지 프랑스의 수소전기자동차의 5000대 공급

현대자동차는 2018년 10월 16일(현지 시간) 프랑스의 세계적 산업용 가스 회사 에어리퀴드 (Air Liquide), 다국적 에너지기업 엔지 (Engie)사(社)와 수소 전기 자동차 및 수소 충전소 보급 확대를 위한 양해각서 (MOU)를 체결하고 오는 2025년까지 프랑스에 승·상용 수소전기 자동차 5천 대를 수출하겠다는 목표를 제시했다.

수소 연료 전지 자동차 넥쏘NEXO의 1회 충전 항속거리는 609km로 현재까지 글로벌 시장에 출시된 수소 연료 전지 자동차 중 가장 먼 거리를 주행할 수 있다. **복합연비**는 96.2km/kgf(17인치 타이어 기준)이며, 한 번에 총 6.33kgf의 수소를 충전할 수 있다.

최대의 항속거리를 위해 고효율 차세대 수소 연료 전지 시스템의 개발로 수소 탱크의 수소 저장밀도와 저장용량을 증대시켜 기존보다 더 많은 수소량을 사용할 수 있도록 하였다.

이를 통해 5분 이내의 짧은 충전 시간으로 세계 최장의 항속거리를 구현했으며, 이전의 1세대 모델이었던 투싼 수소 연료전자 자동차(항속거리 415km, 한국기준)보다 약 40% 이상 향상된 수준이다.

차명 넥쏘NEXO는 덴마크의 섬 이름이자 첨단 기술High Tech의 의미를 담고 있으며 고대 게르만어로는 물의 정령Water Sprit을, 라틴어와 스페인어로는 결합을 뜻하는 단어로, 산소-수소의 결합NEXO으로 오직 에너지와 물NEXO만 발생되는 궁극적인 친환경 자동차의 특성을 정확히 표현한다는 점에서 차세대 수소 연료 전지 자동차의 이름으로 명명되었다.

자율주행 레벨2 수준(미국자동차공학회(SAE) 기준)의 구현이 가능한 ADAS(운전자 보조 시스템)를 탑재하여 운전자의 편의성을 높였고, **고속도로 주행 보조 시스템**(HDA, Highway Driving Assist)과 함께 차선 변경 시 후측방 영상을 클러스터를 통해 볼 수 있는 후측방 모니터(BVM, Blind-spot View Monitor), 고속도로뿐 아니라 자동차 전용도로 및 일반도로에서도 사용이 가능하도록 기능을 강화한 기술로 0~150km/h 사이의 속도에서 차로 중앙을 유지하도록 보조해 주는 **차로 유지 보조 시스템**(LFA, Lane Following Assist), 운전자가 탑승한 상태에서뿐 아니라 하차한 상태에서도 주차와 출차를 자동으로 지원해 주는 원격 **스마트 주차 보조 시스템**(RSPA, Remote Smart Parking Assist) 등이 탑재되었다.

◑ 원격 스마트 주차 보조

주차 보조 기능을 활성화 한 후 주차 공간을 발견하게 되면 차량 내 안내에 따라 하차한 다음, 스마트키의 작동 버튼을 누르고만 있으면 차가 스스로 주차한다. 직각주차 및 평행주차 모두 가능하며, 운전자 탑승 시에도 차량 내부의 작동 버튼을 누르고 있으면 자동 주차 보조를 지원한다.

08 기아 전기 자동차 레이

기아자동차는 영산강유역환경청에 보급된 레이EV 2대를 시작으로 2012년 연말까지 국가기관 및 공공기관 등 전기 자동차 보급 대상 기관을 상대로 2,500대를 보급하였다.

1회 충전을 통해 91km(신규정 5 사이클 **복합연비** 기준)까지 주행이 가능하며, 급속 충전 시 25분, 완속 충전시 6시간 만에 충전이 가능하고 최고 130km/h까지 속도를 낼 수 있다. 또한 전기 모터로만 구동되기 때문에 변속기가 필요 없어 변속 충격이 전혀 없고 시동을 걸어도 엔진 소음이 없는 뛰어난 정숙성을 자랑하며, 16.4kwh의 고용량 **리튬이온 배터리**는 10년 이상의 내구성을 갖춰 차량 운행기간 동안 배터리 교체 없이 사용할 수 있다.

◑ 레이 EV 내부

◑ 충전중인 레이 EV

09 기아 전기 자동차 쏘울

쏘울 EV는 올 뉴 쏘울을 기반으로 개발하여 81.4kW의 모터와 27kWh의 리튬이온 배터리를 장착한 고속 전기 자동차로 배터리와 전기 모터만으로 움직여 주행 중 탄소의 배출이 전혀 없는 친환경 차량이다.

정지 상태에서 시속 100km/h에 도달하는데 11.2초 이내의 시간이 소요되며 최고 속도는 145km/h, 모터의 최대 출력은 81.4kW, 최대 토크는 약 285Nm의 우수한 동력 성능을 갖췄다.(내연기관 기준 환산 시 최대 출력 111ps, 최대 토크 29kgf·m)

동급 최고 수준의 **셀 에너지 밀도**(200 Wh/kg)를 갖춘 27kWh의 고용량 **리튬이온 배터리**를 장착하여 1회 충전으로 약 148km(국내 복합연비 평가기준 자체 실험결과)까지 주행이 가능하며, 100kW 충전기로 급속 충전할 경우 약 24~33분, 240V 완속 충전기로 충전할 경우 4시간 20분이 소요된다.

또한 전기 자동차용 **히트 펌프 시스템**은 냉매순환 과정에서 얻어지는 고효율의 열과 모터, 인버터 등 전기 자동차의 파워트레인 전장부품에서 발생하는 폐열(廢熱)까지 모든 열을 사용해 난방장치 가동 시 전기 자동차의 전력을 절약할 수 있다.

전기 모터로만 구동되기 때문에 소음이 발생하지 않고 공기 역학적 디자인과 흡음재 등을 적용해 주행 중 소음을 최소화하였다. 만약 20km/h로 이하로 주행하거나 후진하면 가상 **엔진 사운드 시스템**(VESS ; Virtual Engine Sound System)으로 가상의 엔진 사운드를 발생시켜 보행자가 차량을 인식하고 피할 수 있도록 하였다.

◑ 기아 전기 자동차 쏘울

10 기아 전기 자동차 니로

니로 EV는 국내 자동차 시장에서 베스트셀링 하이브리드 카에 등극한 니로의 전기 자동차 모델로 1회 충전으로 최소 385km 이상(64kWh 배터리 기준)의 주행거리를 갖춘 것은 물론 동급 최대 수준의 실내 공간을 확보해 실용성을 극대화한 것이 특징이다.

전장 4,375mm, 전폭 1,805mm, 전고 1,570mm, 축거 2,700mm로 기존 니로보다 커진 차체 크기를 기반으로 최대 실내 공간을 확보하였으며, 최고 출력 150kW(204마력), 최대 토크 395Nm(40.3kgf·m)로 동급 내연기관 차량을 상회하는 우수한 동력성능을 확보했으며, 1회 완전충전 주행 가능 거리는 64kWh 배터리 기준으로 385km, 39.2kWh 배터리 탑재 모델은 246km를 주행할 수 있다.

이와 함께 **전방 충돌방지 보조**(FCA), **전방 충돌 경고**(FCW), **차로 이탈방지 보조**(LKA), **차로 이탈 경고**(LDW), **차로 유지 보조**(LFA), **운전자 주의 경고**(DAW), **스마트 크루즈 컨트롤**(Stop & Go 포함), **고속도로 주행 보조**(HDA) 등을 포함하는 첨단 주행안전 기술 드라이브 와이즈가 적용되었으며, 운전석 무릎 에어백을 포함한 7에어백 시스템, **타이어 공기압 경보 시스템**(TPMS) 등의 안전 시스템이 탑재되어 주행 안전성 및 사고 예방성이 크게 향상되었다.

◑ 전기 자동차 니로

◐ 차로 이탈 방지 보조
(LFA : Lane Keeping Assist)·차로 이탈방지 보조(LKA : Lane Following Assist)

차로 이탈 방지 보조

차량이 차로를 이탈하려 할 경우 경고 및 조향 핸들의 조향을 보조하고, 자동차 전용도로 및 일반도로에서도 SCC(Smart Cruise Control)와 연계하여 속도, 차간거리 유지 제어 및 차로 중앙 주행을 보조한다.

◐ 스마트 크루즈 컨트롤
(SCC, 정차&재출발 : Smart Cruise Control with Stop & Go)

스마트 크루즈 컨트롤

운전자가 설정한 속도를 유지시켜 주는 것은 물론 차량의 전방에 장착된 레이더 센서를 이용하여 선행하는 차량과의 거리를 설정한 차간거리로 유지시켜 주는 첨단 능동형 자동항법 시스템이다.

◐ 내비게이션 스마트 크루트 컨트롤
(NSCC : Navigation-based Smart Cruise Control)

내비게이션 스마트 크루트 컨트롤

내비게이션 적용 시 고속도로 내 카메라를 감지하여 제한속도 이상으로 주행할 경우 감속 제어를 한다.

11 기아 수소 연료 전지 자동차 모하비

수소와 산소의 화학반응을 통해 자체 생산한 전기로 구동하는 수소 연료 전지 자동차(FCEV : Fuel Cell Electric Vehicle)는 물 이외의 직접적인 배출물이 없는 친환경 자동차이다. 내연기관 자동차 수준의 신속한 충전과 긴 항속거리라는 강력한 장점을 갖추고 있음에도 수소 충전 인프라 구축이 병행되어야 하기 때문에 차세대 차로 분류되어 왔지만 최근에서야 꾸준히 시장이 형성되는 중이다.

기존의 스포티지 연료 전지 자동차보다 성능을 대폭 향상시킨 차세대 연료 전지 차량으로 2007년 프랑크푸르트 모터쇼에서 선보인 콘셉트 카 '아이블루i-Blue'에 적용된 언더플로어under-floor 플랫 폼이 실제 차량에 최초로 적용된 모델이다.

수소를 이용해 전기를 발생시키는 연료 전지 스택stack을 엔진룸에 배치했던 기존 스포티지 연료 전지 자동차와는 달리 핵심 부품들을 차체 중앙 바닥에 위치시켜 중량을 차량의 앞뒤로 고르게 배분하여 주행 안정성을 높인 것이 특징이다.

또한 115kW급 자체 개발 연료 전지 스택과 차량 제동시 버려지던 에너지까지 최대한 회생해 저장하는 **수퍼커패시터**Supercapacitor, 신규 개발된 고효율 영구 자석 모터 등이 장착되었다. 3탱크 수소 저장 시스템(700기압)의 경우 한 번 충전으로 750km 주행이 가능하며, 이는 기존 스포티지 수소 연료 전지 자동차의 최고 주행거리(384km)의 2배 정도 높은 수치이다.

> **스택**
> 수소와 산소의 전기 화학 반응을 이용하여 화학에너지를 전기에너지로 변환시켜 전기를 발생시키는 장치를 말한다.

◑ 수소 연료 전지 자동차 모하비

12 르노 삼성 전기 자동차 SM3 ZE

◗ 전기 자동차 SM3 ZE

르노 삼성자동차는 전기 자동차의 판매를 2011년부터 시작한다고 2009년에 발표하였다. 그리고 제주도에서 택시나 공용차로서 실적을 쌓은 뒤 2013년부터는 일반에 판매할 계획을 세워 추진하였다. 동사의 차명에서도 알 수 있듯이 르노 산하인 관계로 전기 자동차에 관한 협력을 르노와 닛산의 제휴 관계로부터도 얻게 되지만, 동시에 국내 메이커로부터의 조달도 염두에 두는 것 같다. 삼성 그룹에는 삼성전자나 삼성전기 등의 기업도 포함되어 있다.

이 차는 고전압 배터리의 전력을 이용하여 전기 모터를 구동하는 자동차로 주행 중 배출가스가 전혀 없는(Z.E : Zero Emission) 친환경 자동차이다. 최고 출력 70kW, 최대 토크 226.0Nm의 교류 동기식 모터를 사용하며, 정격 전압(전류 용량)이 345.6V(104Ah) **리튬이온 배터리**(35.9kWh)를 사용한다.

안전 및 편의장치는 **가상 엔진 사운드 시스템, 급제동 경보 시스템**(ESS), **경사로 밀림 방지장치**(HSA), EBD-ABS(BAS 내장), **차체자세 제어장치**(ESC), 엔진 START/STOP 버튼, **인텔리전트 스마트카드 시스템, 후방 경보장치, 레인 센싱 와이퍼, 전자식 차속감응 파워 스티어링**SSEPS 등을 장착하여 운전자의 안전 및 편의를 제공하였다.

13 한국 GM 쉐보레 볼트 EV

볼트 EV는 크로스오버 스타일의 전기 자동차 전용 알루미늄 합금 고강성 차체에 고효율 대용량 **리튬이온 배터리** 시스템과 고성능 **싱글 모터 전동 드라이브 유닛**을 탑재하여 204마력의 최고 출력과 36.7kg.m의 최대 토크를 발휘한다.

특히, 수평으로 차체 하부에 배치한 배터리 패키지는 실내 공간의 확대와 차체 하중 최적화에 기여하며, 전자 정밀 기어 시프트와 전기 자동차에 최적화된 전자식 파워스티어링 시스템은 시속 100km까지 7초 이내에 주파하는 전기 자동차 특유의 다이내믹한 퍼포먼스와 함께 어울려 정밀한 주행감각을 느낄 수 있다.

배터리 패키지는 LG 전자가 공급하는 288개의 리튬이온 배터리 셀을 3개씩 묶은 96개의 셀 그룹을 10개의 모듈로 구성해 최적의 열 관리 시스템으로 운용되며, 이를 통해 효율과 배터리의 수명을 극대화했다.

또한 스티어링 휠 후면의 패들 스위치를 통해 운전자가 능동적으로 회생에너지 생성을 제어할 수 있는 **리젠 온 디맨드 시스템**Regen on Demand을 비롯해 전자식 기어 시프트를 'L' 모드로 변경해 브레이크 페달 조작 없이 가·감속은 물론 완전 정차까지 제어하는 신개념 **회생제동 시스템**, 원 페달 드라이빙 One-pedal Driving 기술을 채택해 전기 자동차 주행의 즐거움과 높은 에너지 효율을 달성하였다.

◑ 쉐보레 볼트 EV

14 대진 CT&T 전기 자동차

대진 CT&T는 서울에 있는 전기 자동차 메이커이다. 한국의 대기업 자동차 메이커 출신자에 의하여 2004년에 설립되었으며, 사명은 Creative Transportation and Technology의 머리 문자를 취하고 있다. 전기 자동차 e-ZONE은 2인승의 시티커뮤터이지만 차체 뒷부분을 개조한 밴도 있다.

납 배터리 사양과 리튬이온 배터리 사양이 있으며, 배터리의 차이로 주행거리가 2배 정도 다르다. 리튬이온 배터리에서는 약 100km의 주행이 가능하지만 에어컨은 선택 사양이며, 값이 저렴한 납 배터리 사양으로 근거리 이동에 이용하는 것이 현실적일 것이다.

◑ e-ZONE

◑ e-ZONE 운전석

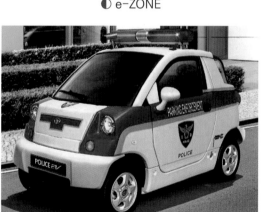

◑ e-ZONE 순찰차

◑ e-ZONE 골프카

일본의 전기 자동차

1947년에 오늘날의 닛산 자동차의 전신이었던 동경 전기 자동차에서 타마(Tama) 전기 자동차를 생산하였고 2010년 12월에 닛산 자동차가 라프(Leaf)의 생산으로 전기 자동차 보급이 확대 되었다.

01 타마Tama 전기 자동차와 대형공업기술개발 제도

1947년에 **타마 전기 자동차**를 제조한 동경 전기 자동차는 전쟁 전의 타치가와立川 비행기로 그 역사가 거슬러 올라간다. 종전 후엔 항공기 개발과 제조를 할 수 없게 되었고 또 전후에는 물자부족 때문에 가솔린 통제가 시행되면서 전기 자동차의 개발로 전환을 꾀한 것이다. 타마 전기 자동차의 성능은 최고속도 35km/h, 1회 충전으로 주행할 수 있는 거리는 65km이었지만 개량을 통해 200km까지 늘어났다.

그 후 일본에서는 석유위기로부터 교훈을 받아 석유 의존에서 벗어나는 것을 목표로 통산성(당시)의 주도하에 대형공업기술개발 제도(통칭:오오프로)를 만들고 1971에서 1976년까지 5년간 일본 각 자동차 메이커들이 전기 자동차의 개발에 나서게 되었다. 그리고 최고속도 80km/h, 1회 충전으로 주행 가능한 거리가 455km(단, 40km/h의 일정속도로 연속해서 주행을 계속하는 경우)인 성능을 확립하게 되었다. 이처럼 석유의 공급이 불안정하면 전기 자동차의 개발이 촉진되는 경향이었다.

02 전기 자동차 검토회 이후의 움직임

이런 와중에 공해 대책을 위하여 1971년 탄생된 환경청(당시)의 주도하에 1978년에 전기 자동차 검토회가 발족되어 1986년부터 저공해 자동차 전시회를 매년 6월에 개최하기 시작하였다. 그리고 통산성(당시)도 2000년까지 20만대의 전기 자동차를 보급한다는 계획을 책정하였다.

ZEV
배출 가스를 내지 않는 차를 말한다.

그 사이에 미국에서 ZEVZero Emission Vehicle 법안이 제정된 것이다. 그리고 토요타, 닛산, 혼다 등 미국시장을 중시하는 일본 대기업 자동차 메이커들이 최신 전기 자동차의 개발에 나서게 되면서 영구 자석식 동기 모터나 리튬이온 배터리 그리고 하이브리드 카에서 사용되는 니켈수소 배터리 등의 신기술이 태어나게 되었다.

◆ 전기 자동차의 역사 (일본)

년도	내용
1947년	[타마 전기 자동차 제조] 동경 전기 자동차
1971~1976년	통상산업성 [대형 공업기술 개발제도] 시행
1976	[일본 전동차량협회] 설립
1980	독립 행정법인 [신 에너지·산업기술총회 개발기구(NEDO) 설립
1986	저공해 자동차 전시회 개최(이후 매년 6월에 정기 개최)
1994	NPO [일본 EV 클럽] 설립
1996	제 13회 전기 자동차 심포지움(일본 오사카) 개최
1997	토요타 [RAV4 EV] (니켈 수소 배터리) 혼다 [EV PLUS] (니켈 수소 배터리) 닛산 [PRAIRIEJOY EV] (리튬이온 배터리)
1998	닛산 [R'NESSA EV] (리튬이온 배터리)
1999	토요타 [e-com]
2000	닛산 [하이퍼 미니]
2005	미쓰비시 [랜서 에볼루션 MIEV]
2009	스바루 [PLUGIN STELLA] 판매 미쓰비시 [i-MiEV] 판매
2010	닛산 [리프] 판매

◑ 동경 전기 자동차의 [타마 전기 자동차]

※ 출처 : http://www.nissan-newsroom.com/EN/

03 ZEV법 대응하는 일본 전기 자동차

(1) 토요타 RAV4 EV

토요타가 개발한 것이 RAV4 EV이다. SUV인 내연기관 자동차 RAV4의 플랫폼을 이용하여 개조한 전기 자동차이다. 토요타도 이때 **니켈수소 배터리**의 개발에 착수하였고, 주행거리를 확보하기 위해 전력을 쏟았다. 이것이 하이브리드 자동차인 Prius의 탄생으로 이어진 것이다. RAV4 EV는 미국과 일본에서 법인용 리스를 중심으로 실증 시험을 거듭하였다.

(2) 닛산 R'NESSA EV

닛산자동차는 PRAIRIE JOY라는 미니밴으로 전기 자동차를 개발하여 PRAIRIE JOY EV를 탄생시켰다. 이어서 R'NESSA라는 SUV를 기본으로 하여 R'NESSA EV(미국명: Altra EV)로 발전하였다. 닛산의 특징은 발 **빠**르게 **리튬이온 배터리**를 전기 자동차용으로서 개발한 것이다. 그리고 **비접촉식 전자**電磁 **유도에 의한 충전방식**도 개발하며, 안전성이 뛰어난 이용법도 고안하였다. 르네사 EV에서는 전기 자동차의 장래성을 기대하며, 배터리를 바닥 아래에 탑재시키는 것을 전제로 한 2중 바닥 구조를 차체에 설치하였다.

(3) 혼다 EV PLUS

혼다는 전기 자동차 전용의 차체를 개발하고 혼다 EV PLUS라고 명명하였다. 이 전기 자동차는 미국의 일반가정에서 실증 실험을 하는 등 보급의 실마리를 찾아가며 개발을 계속하였다. 배터리는 **니켈수소**, 모터는 **영구 자석식 동기형**을 사용하였다.

> **Z EV법**
> 1990년 미국 캘리포니아주에서 제정한 Zoro Emission Vehicle(무공해 차량) 법이다.

> **니켈수소 배터리**
> 양극(+)에 수산화니켈, 음극(−)에 수소급증水素 합금을 사용한 고성능 배터리의 일종. 큰 전력과 큰 전류에 강하고, 가전제품용 배터리로서도 보급되고 있다.

◑ 토요타 [RAV4 EV]

※ 출처 : https://search.newsroom.toyota.co.jp/jp/toyota/

◑ 닛산 [ALTRA EV] (일본명: 르네사 EV)

※ 출처 : http://www.nissan-newsroom.com/EN/

◑ 혼다 [EV PLUS]

※ 출처 : http://www.honda.co.jp/

04 시티커뮤터 EV

(1) 닛산 하이퍼 미니

1990년 당시에도 전기 자동차 개발에서 한층 돋보이게 대처를 한 곳은 닛산 자동차였다. 1997년에 열린 제32회 동경모터쇼에 출전시킨 것이 2인승 시티커뮤터 EV인 하이퍼 미니였다. 2인승으로 한정된 스타일은 오늘날도 여전히 참신함을 유지하고 있으며, 차체는 알루미늄으로 제작되었다.

배터리는 전기 자동차용으로 안전성을 높인 **망간계 리튬이온**을 탑재하였고 네오듐이라는 희토류에 의해 성능을 높인 **영구 자석식 동기 모터**를 사용하였으며, 타이어는 펑크가 나도 주행을 계속할 수 있는 **런 플랫**Run Flat을 장착하였다. 최고 속도는 100km/h이고, 1회 충전으로 주행 가능한 거리는 115km이다. 2000~2002년까지 약 350대가 판매되었고, 카 쉐어링의 실증시험 사업에도 활용되었다.

(2) 토요타 e-com

토요타도 1997년의 동경모터쇼에서 2인승 시티커뮤터 e-com을 발표하였다. e-com도 영구 자석식 동기 모터로 주행하며, 배터리는 프리우스에서도 사용되는 니켈수소이다. 최고 속도는 100km이며, 1회 충전으로 주행할 수 있는 거리는 약 100km로 닛산의 하이퍼 미니와 거의 동등하다.

그 성능을 동경 오다이바에 있는 MEGA WEB에서 시승할 수 있도록 (단, 유료)하며, 좀처럼 시승할 기회가 없는 전기 자동차를 만나볼 기회의 장을 제공하였다. 그리고 ITS를 이용한, Crayon이라고 명명된 전기 자동차의 공동 이용에 의한 Park and Ride의 실증시험을, 1999~2006년까지 아이치현愛知縣 내의 토요타 그룹 각사와 공동으로 실시하는 등 차세대 Motorization(자동차의 대중화)의 모색도 e-com을 사용하여 실행하였다.

네오듐 자석
철과 붕소와 네오듐을 주성분으로 하는 네오듐 자석은 일반적인 페라이트 자석의 약 10배의 자력을 갖는다.

희토류
원소 주기표의 57번부터 71번까지의 원소로 지구상에서 희소한 광물 자원이기 때문에 희토류라고 부른다.

Intelligent Transport System
IT 기술을 활용하여 정체 방지 등 교통의 효율화나 주행 안전성 향상을 시킨다.

◐ 닛산 [하이퍼 미니]

※ 출처 : http://www.nissan-newsroom.com/EN/

◐ 토요타 [e-com]

※ 출처 : https://search.newsroom.toyota.co.jp/jp/toyota/

05 일본 경자동차 EV 탄생

(1) 내연기관 자동차를 개조

2009년 6월에 미쓰비시자동차공업과 후지중공업에서 잇달아 경자동차인 전기 자동차를 생산하였다. 그 중에서도 미쓰비시의 i-MiEV는 법인 중심의 실증시험을 넘어서서 일반 소비자를 대상으로 한 전기 자동차의 판매에 착수하였다.

미쓰비시 자동차의 i-MiEV는 2007년에 출시된 내연기관 자동차 i를 전기 자동차로 개조한 경자동차 EV이다. 경자동차는 일본의 독특한 차종으로서 차체의 제원이나 엔진 성능에 제약이 있는 반면, 세제나 보험제도에 특전이 있다.

생활을 책임지는 자동차로서 싸고 편리하다는 것이 많은 경자동차에 요구되는 가치이지만 일본 내에서 자동차가 보급됨에 따라 무엇인가 다른 가치를 추구하는 것이 경자동차에도 요구된다.

그래서 나온 것이 미쓰비시의 i이다. 디자인이나 엔진 등의 기능 부품도 새롭게 개발되었다. 아울러, 미쓰비시 자동차에서 개발한 전기 자동차 부품인 모터나 배터리 팩이 i의 차체에도 잘 조립될 수 있었다.

(2) 경자동차의 이용에 안성맞춤

2009년에 출시된 전기 자동차 i-MiEV는 최고 속도가 130km/h, 1회 충전으로 주행이 가능한 거리는 약 160km이다. 더욱이 터보 엔진을 탑재한 고성능 i와 비교하더라도 가속 성능이 뛰어나고 조종 안정성도 높으며, 당연히 엔진이 없기 때문에 정숙성도 뛰어난 점이 미쓰비시 자동차 사내 시험의 결과로서 공표되었다.

리튬이온 배터리의 충전은 가정에서 110V나 220V에 대응이 가능하고 옥외의 급속 충전기에서의 충전도 가능하다. 주행에 필요한 전기료는 가솔린 가격에 비해 1/3~1/9(일본 : 야간 전력 할인요금 이용의 경우)로 경비 절감으로도 이어진다.

Full 충전으로 갈 수 있는 주행거리에 대한 불안의 목소리도 있지만 원래 경자동차의 일상적인 이용 거리는 30~40km, 사람에 따라서는 10km 이하인 경우도 있어서 이런 경자동차의 이용에는 안성맞춤인 것이다.

◐ 미쓰비시 [i-MiEV]의 외관

※ 출처 : 미쓰비시 i-MiEV(모터판 번역판 1호 친환경자동차 64P)

◐ 미쓰비시 [i-MiEV]의 구조

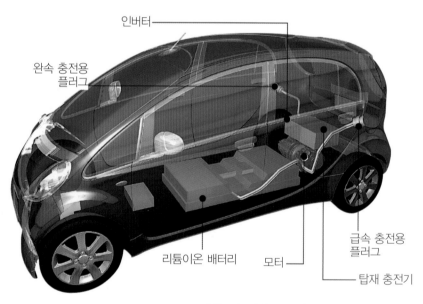

※ 출처 : 미쓰비시 i-MiEV(모터판 번역판 1호 친환경자동차 65P)

(1) 컨버터 & 그랜드 업

2010년 12월에 닛산 자동차에서 소형 전기 자동차인 리프Leaf가 출시되었다. 내연기관 자동차를 기본으로 개조한 전기 자동차가 아니라 전기 자동차를 위하여 제로부터 개발되어 양산 출시된 세계 최초의 전용 전기 자동차이다.

내연기관 자동차에서 전기 자동차로 개조하는 것을 컨버트convert라고 말한다. 반면에 처음부터 전기 자동차 전용으로 개발되는 것을 그랜드 업grand up이라고 말한다. 닛산 리프는 전용차로서 출시된 세계 최초의 전기 자동차다. 그리고 당초부터 일반 소비자를 대상으로 하여 대량 생산 계획을 세운 것도 리프의 특징이다.

닛산 자동차는 전기 자동차의 대량 보급을 위해 리프 출시 전인 2008년 1월부터 르노·닛산 합동으로 세계 각지에서 다양한 제휴 관계를 맺고 충전설비의 정비 등 전 세계로의 전기 자동차 보급을 위한 사전 정비 작업도 진행해 왔다.

> **컨버트**
> 내연기관 자동차에서 전기 자동차로 개조하는 것을 말한다.
>
> **그랜드 업**
> 처음부터 전기 자동차 전용으로 개발되는 것을 말한다.

(2) 그랜드 업으로 닛산 리프 탄생

2010년 12월에 닛산 자동차에서 전기 자동차 리프가 출시되었다. 닛산이 90년대 후반부터 자동차 업계로서는 발 빠르게 개발을 진행해 왔던 리튬이온 배터리를 사용한 전기 자동차의 집대성이다. 1회 충전으로 주행 가능한 거리는 JC08 모드에서 200km로 그때까지의 전기 자동차 성능을 상회했다고 말할 수 있다.

가격은 376만엔(3,760만원 상당)으로, 경자동차인 미쓰비시 i-MiEV의 398만엔(3,980만원 상당) 보다 낮은 가격이다. 전용으로 개발된 그랜드 업 전기 자동차로서는 과감하게 가격을 설정한 것이라고 말할 수 있을 것이다.

자동차로서의 주행 성능 향상에 그치지 않고 휴대전화나 통신·카 내비게이션 등 최신 기기를 활용하여 전기 자동차 이용에서 우려되는 충전 관리 및 추가적인 보조 충전을 위한 지원 등 소비자의 편리성과 안심을 보조하는 장비를 개발하여 적용하고 있는 점이 리프의 특징이다.

리프에서 개발된 운전자 지원 충실 서비스 기능은 앞으로 전기 자동차의
표준이 될 것이다.

◑ 닛산 [LEAF]의 외관

※ 출처 : http://www.nissan-newsroom.com/EN/

◑ 닛산 [LEAF]의 구조

※ 출처 : 모터팬 번역판 11호 EV 기초 & HYBRID 재정의 28P

05

유럽의 전기 자동차

유럽은 1900년에 페르디난트 포르쉐 박사에 의해 전기 자동차에 대한 관심이 지속되었다. 1990년대 미국의 ZEV법에 대응하여 독일이나 프랑스의 자동차 메이커들도 전기 자동차 개발에 나섰었다. 오늘날에도 전기 자동차의 개발이 왕성하게 진행되고 있다.

01 드디어 독일도 나섰다

독일의 BMW는 2010년에 전기 자동차의 개발 계획을 발표하였다. 이미 자사의 MINI(미니)라는 내연기관 자동차를 전기 자동차로 개조한 MINI E로써 유럽을 중심으로 실증시험을 개시하였다. 2011년부터는 일본에서도 실증시험이 시작되었다.

그 후 BMW의 내연기관 자동차인 1시리즈의 개조 전기 자동차 '액티브e'를 거쳐서 2013년에는 메가시티 비클megacity vehicle이라고 불리는 그랜드 업 전기 자동차를 제조 판매할 예정이었다. 이 메가시티 비클은 탄소섬유를 차체에 사용하는 등 초경량화에도 대처한 전기 자동차가 될 예정이었다.

같은 독일의 메르세데스 벤츠는 1998년에 출시를 개시한 2인승 내연기관 자동차인 스마트Smart를 기본으로 전기 자동차로 개조한 Smart For Two Electric Drive를 개발하고 2009년부터 독일 베를린에서 실증시험을 시작하였다. 그리고 이 전기 자동차를 2011년부터 일본에도 도입하여 실증시험을 하였다. 그러한 결과를 토대로 하여 2012년 출시를 예고하였다.

> 실증실험
> 실제로 증명하기 위하여 시험하는 것을 말한다.

02 프랑스는 제휴를 활용하여 도입을 촉진

프랑스에서는 닛산과 제휴 관계에 있는 르노가 2011년에 기존 내연기관 자동차를 개조한 전기 자동차인 Fluence(플루언스)와 Kangoo(캉구)를 팔기 시작하였고, 그 후 Twizy(트위지)와 Zoe(조에)라는 전용 전기 자동차를 개발하며, 도입을 예고했다.

그리고 충전 설비를 구비한 주차장의 확충이나 렌터카로의 도입도 진행할 계획이다. PSA 그룹의 Peugeot(푸조)는 미쓰비시 자동차와의 제휴에 의해 i-MiEV를 푸조 iOn이라는 이름으로 2010년부터 유럽 시장에서 판매한다고 발표하였다.

◑ BMW [MINI E]의 외관

◑ 르노 [Twizy EV]의 외관

◑ 르노[Zoe EV]의 외관

※ 출처 : https://www.renault.co.kr/vehicles/twizy.jsp

※ 출처 : https://group.renault.com/innovation/

06

미국의 전기 자동차

20세기 초 무렵, 미국에서는 발명가인 토머스 에디슨이나 자동차의 대량생산 방식을 고안해 낸 헨리 포드가 전기 자동차에 관심을 갖는 등 나라 특유의 왕성한 개척 정신으로 전기 자동차에 대한 도전이 거듭되어 왔다.

01 벤처 기업이 활발한 미국

ZEV법 슬하에 있는 미국에서는 1990년에 제너럴 모터스(GM)가 임팩트 Impact라는 전기 자동차를 개발하였다. 후에 EV1으로 차명을 바꾸고 1997년부터 리스형태로 판매가 시작되었다.

EV1은 전기 자동차 전용으로 개발된 2인승 스포츠 쿠페이다. 배터리를 T자형으로 탑재하거나 **비접촉식의 전자유도를 사용한 충전 방법**을 적용하는 등 도전적인 전기 자동차였다. 같은 시대에 AC Propulsion, Solectria, US Electric car라는 컨버트 EV의 벤처 기업이 탄생하였다.

그리고 캘리포니아 주의 전력회사가 공공시설에 충전기를 설치하는 등 발빠르게 대처하며, 장애자용 주차장과 마찬가지로 우선적으로 전기 자동차를 주차할 수 있는 공간도 마련하였다.

02 대기업 제너럴 모터스도 다시금 참가

하이브리드 카
내연 엔진과 전기 자동차의 배터리 엔진을 동시에 장착하는 등 기존의 일반 차량에 비해 유해가스 배출량, 연비를 획기적으로 줄인 차세대 환경 자동차를 말한다.

리튬이온 배터리의 양산이 확립되기 시작하면서 다시금 미국에서도 전기 자동차 제조를 위한 벤처기업이 탄생하였다. 그 중에서도 이름을 알린 것이 2003년에 캘리포니아 주에서 창업한 테슬라 모터스다. 동사는 2010년에 토요타 자동차와 제휴하여 화제를 모았다.

2007년에는 역시 캘리포니아 주에서 전기 자동차의 사회 기반 정비에 눈을 돌린 Better Place사가 탄생되면서 충전을 끝낸 배터리 팩을 1분 만에 교환해 주는, 주유소가 아닌 배터리 교환소의 구상으로 화제를 불러일으켰다.
그리고 일찍이 EV1을 배출한 GM이 출시에 나선 것은 VOLT다.

　VOLT는 전기 자동차의 주행거리를 증가시키기 위하여 발전기용 엔진을
탑재한 하이브리드 카이다. 엔진은 발전에만 사용하고 전기 자동차와 마찬
가지로 모터로써만 구동하여 달린다.

◗ GM [Chevrolet Volt]의 외관

◗ GM [Chevrolet Volt]의 운전석

※ 출처 : http://www.gm-korea.co.kr/gmkorea/index.

chapter

07

중국의 전기 자동차

자동차의 보급 자체가 열기를 더하며, 세계 자동차 메이커들이 미래성을 촉망하는 중국에서도 전기 자동차의 움직임이 활발하다. 그리고 전기 자동차에서 빠트릴 수 없는 리튬이온 배터리의 생산에서도 세계 TOP3의 하나가 되고 있다.

01 전동 보조 자전거 및 전동 오토바이크가 주동자

중국은 13억 인구의 시장 규모라고 알려진 반면 실제로는 사회 기반 정비가 아직 충분히 진행되어 있지 않다. 예를 들면 주유소도 대도시를 제외하면 잘 정비되어 있지 못하다.

이런 와중에서도 고정 전화보다는 휴대전화가 더 보급되는 것과 마찬가지로 주유소를 정비하는 것 보다는 가정에서의 충전으로 주행이 가능한 전기 자동차의 보급이 세를 확장하려고 하고 있다. 이미 전동 보조 자전거나 전동 바이크가 예전의 자전거를 대신하는 이동수단으로써 보급되고 있다.

그것은 주유소에서의 급유가 아닌 가정에서 충전해 사용하는 교통수단으로서 전동 보조 자전거나 전동 바이크가 그대로 전기 자동차 대신 보급되는 것은 쉽게 상상할 수 있다. 그리고 휴대전화의 보급과 마찬가지로 그 기기가 구비하는 성능에 알맞은 사용법이 생활을 지탱해 주는 것이다. 내연기관 자동차가 충분히 보급되어 있지 않기 때문에 전기 자동차가 소비자들에게 당연하게 받아들여질 수 있는 시장이 중국에서는 자라고 있는 것이다.

02 리튬이온 배터리 기술이 후원

그러므로 이제까지의 자동차 선진국과는 다른 시장을 갖는 중국에서 전기 자동차 메이커가 잇달아 탄생되는 것은 당연한 결과이다. 그 중에서도 가장 이름이 알려진 메이커는 BYD사다.

광동성에서 1995년에 설립된 회사이며 배터리, 휴대전화 부품과 조립 자동차 제조를 하고 있으며 **리튬이온 배터리**에서는 세계 3위, 휴대전화에서는 세계 1위라고 알려져 있다. 배터리 사업의 경험을 살려서 2008년부터 전기 자동차 제조에 나섰고 e6라는 전기 자동차 40대가 2010년에 심천시의 택시에 도입되었다.

◑ BYD [e6]의 외관

◑ BYD [e6]의 운전석

※ 출처 : http://chinaautoweb.com/blog1/wp-content/gallery/byd-e6/

PART
02

모터의 기초

이 단원에서는 전기의 기초에서부터 전기 자동차의 효율을 결정짓는 모터의 종류와 특성에 따른 모터의 활용법을 소개하기로 한다.

전기 자동차에 사용되는 모터의 제어 기술은 고출력이면서 경량·소형화시켜 효율이 높은 기술로 점차 발전해 가고 있다.

특히 구동 모터는 자동차 구동 기능과 에너지 회수를 위한 회생용 모터로 사용되고 있기 때문에 기존의 자동차보다 전기 자동차의 효율을 크게 높일 수 있겠다.

chapter

01

전기|Electric

전기(電氣, electric)란 전자(電子)의 이동으로 생기는 에너지의 한 형태로써 19C 이후 전기가 갖는 편리성과 에너지 변환의 용이성 및 환경보존 등 인류 문화의 급속한 변화를 가져왔다.

01 전압 · 전류 · 저항

옴의 법칙

전압, 전류, 저항의 관계를 나타낸 법칙을 옴의 법칙이라고 한다.

$E = I \cdot R$
$P = E \cdot I$
$W = P \cdot t = E \cdot I \cdot t$

E : 전압(V)
I : 전류(A)
R : 저항(Ω)
P : 전력(W)
W : 전력량(J)
t : 시간(sec)

전기는 에너지 형태의 하나로 (+)와 (−)의 극성이 있다. 전기가 흐르는 물질을 **도체**, 흐르지 않는 물질을 **절연체**라고 하며, (+)극과 (−)극을 도체에 연결하면 전기는 (+)극에서 (−)극으로 흐른다.

정확한 표현은 아니지만 전기가 흐를 때 세기를 **전압**, 일정 시간에 흐르는 양을 **전류**라고 생각하면 이해하기 쉽다. 전류의 양은 (+)극과 (−)극을 연결하는 도체에 전기가 흐르기 어려우므로 결정되는데 이 흐르기 어려운 정도를 **전기 저항**이라 하며, 같은 전압에서도 전기 저항이 높을수록 전류의 흐름이 적어진다. 전기 저항을 단순히 **저항**이라고도 한다.

전기가 일정 시간에 하는 일 또는 에너지의 양을 나타내는 것이 **전력**으로서 **일률**이라고도 하며, 전압과 전류를 곱하는 것이다. 전력에 시간을 곱한 것을 **전력량** 또는 **작업량**이라 하며, 실제로 하는 일의 양을 나타낸다.

02 직류(DC ; Direct Current)

직류란 흐르는 방향과 전압이 일정한 전류이다. 전압이 주기적으로 변화하는 **맥류**나 일정한 전압에서 ON과 OFF를 반복하는 **펄스파**(정형파 또는 방형파라고도 한다)처럼 전압의 변화가 있어도 전류의 방향이 바뀌지 않으면 넓게는 직류로 취급할 수 있다. 맥류는 **정류**(교류를 직류로 변환)의 첫 단계에서 출현하며, **펄스파**는 반도체 소자의 제어 등으로 쓰인다.

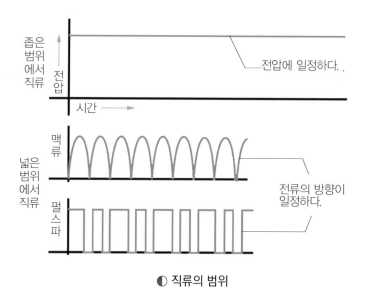

좁은 범위에서 직류

전압

시간

전압에 일정하다. .

넓은 범위에서 직류

맥류

펄스파

전류의 방향이 일정하다.

◑ 직류의 범위

03 교류(AC ; Alternating Current)

　교류란 흐르는 방향과 전압이 주기적으로 변화하는 전류이며, 좁은 범위에서 교류는 전압의 시간적인 변화의 그래프가 **사인 곡선**을 그린다. 사인 곡선을 그리지 않고도 주기적으로 극성과 전압이 변화하는 전류를 넓은 범위에서 교류로서 취급하는 것이 있다.

　교류의 사인 곡선에서 산山 1개와 골짜기숍 1개의 세트를 **사이클**이라 하며, 1사이클에 소요되는 시간을 **주기**라고 한다. 또한 1초 동안의 사이클 횟수를 **주파수**라고 하며. 1사이클 내의 위치를 **위상**이라고 한다. 이러한 1개 흐름의 교류를 **단상 교류**라고 하며, 교류에는 같은 주파수로 같은 전압의 3조 단상 교류를 주기가 1/3(위상 120° 간격)씩 엇갈린 상태로 배치된 **삼상 교류**도 있다.

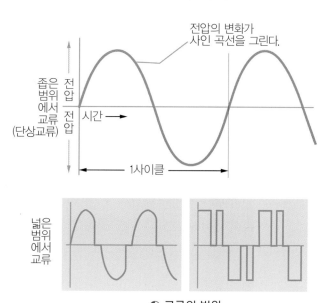

전압의 변화가 사인 곡선을 그린다.

좁은 범위에서 교류 (단상교류)

전압

전압

시간

1사이클

넓은 범위에서 교류

◑ 교류의 범위

삼상 교류는 각 상의 전압의 합계가 항상 0이 되는 것이 특징으로 3개의 도선으로 보낼 수 있다. 일반적인 삼상 교류는 별도로 만들어진 단상 교류를 배치한 것이 없으며, 삼상 교류 발전기에 의해서 만들어진 것이어서 모터를 작동시키는데 적합하다.

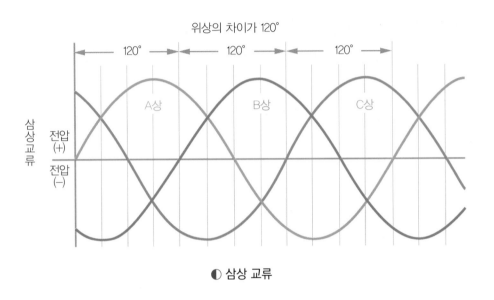

◐ 삼상 교류

04 반도체 소자와 수동 소자

전기 회로에 사용되는 부품을 **소자**라고 하며, 현재의 전기 회로에서는 반도체 소자가 중요한 역할을 하는 것이 많다. 모터의 전력 제어에 사용되는 반도체 소자는 컴퓨터 등에 사용되는 것에 비해서 높은 전압과 대전류를 취급하는 것이 특징이며, 전력용 반도체 소자 또는 파워 디바이스라고 한다.

반도체 소자 중에는 **증폭 작용**을 하는 것도 있지만 전력용 반도체 소자에서는 **스위칭 작용**과 **정류 작용**이 이용되며, 각각의 작용이 있는 소자를 **스위칭 소자**와 **정류 소자**라 한다.

스위칭 소자를 이용하면 기계적인 스위치에서는 불가능한 고속의 스위치 조작이 가능하고 높은 전압 및 대전류 등에서 발생하는 문제도 없다. **정류 소자**는 일정 방향으로는 전류가 흐르지 않는 성질이 있어 교류를 직류로 변환할 때 사용된다.

다이오드
전류를 한쪽방향으로만 흐르게 하는 특성을 가진 정류소자이다.

반도체 소자는 능동적인 작용이 있기 때문에 **능동 소자**active element라고 하지만 전기 회로에서는 저항기나 콘덴서, 코일과 같은 **수동 소자**passive element도 많이 사용한다.

저항기는 전력을 소비하고 전압과 전류를 제어하기 위해서 사용된다. **콘덴서**는 **커패시터**라고도 하며, 전기를 모으거나 방출할 수 있는 것으로 전압의 변화를 방지하기 위해서 사용된다. **코일**에서는 직류는 흐르기 쉽고 교류는 흐르기 어려운 성질이 있어서 전류의 변화를 방지하기 위해 사용된다.

| 다이오드 | 파워 트랜지스트 | 저항기 | 콘덴서 | 코일 |

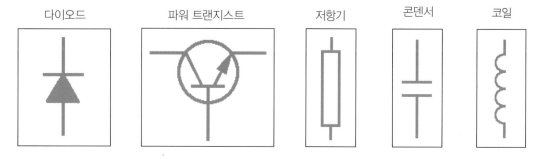

◗ 반도체 소자와 수동 소자 기호

02

자기|Magnetism

자기는 자석(magnet)이 갖고 있는 힘을 주위에게 행사함으로써 나타나는 현상으로 자석의 N극이 다른 자석의 S극 부분을 자신의 영역 가까이 끌어들이려는 현상이다. 이러한 자석이 갖고 있는 힘을 자기력이라고 한다.

01 자기의 성질

자기는 자석이 철을 끌어당기는 성질로 그 때 발휘되는 힘을 **자력**磁力이라고 한다. 자기는 N극과 S극의 극성極性이 있어 극성이 나타나는 부분을 **자극**磁極이라 하며, 이극異極끼리는 흡인력으로 서로 끌어당기고, 동극同極끼리는 반발력으로 서로 밀어내는 성질이 있다.

자기에 의한 흡인력은 철 등에도 발휘된다. 이렇게 자석으로 끌어당기는 물질을 **강자성체** 또는 단순히 **자성체**라고 하며, 자성체의 원소는 철, 코발트 니켈 3종류의 금속뿐이다. 자성체가 자석으로 끌려가는 것은 일시적으로 자석의 성질이 나타나기 때문이다. 이와 같이 자기를 띠는 현상을 **자화**磁化라고 하며, 자기는 어디까지나 일시적인 것이므로 시간이 경과하면 자석의 성질은 없어진다. 시간이 경과해도 자기의 성질을 유지하는 것은 영구 자석이다.

영구 자석은 자성체의 금속에 여러 물질을 혼합한 합금 등이 사용되며, 모더에서 주로 사용되고 있는 것은 **페라이트 자석**과 **희토류 자석(희토류 자석)**이다. 희토류 자석은 자력이 강하지만 희토류 원소의 급등으로 가격이 매우 높아지고 있다. 희토류 자석으로 주로 사용되고 있는 것은 **네오디뮴 자석**Neodymium Magnet과 **사마륨 코발트 자석**Samarium-Cobalt Magnet이다. 네오디뮴 자석은 자력이 강하지만 고온이 되면 자력이 저하되기 쉽다.

> **영구 자석**
> 영구 자석은 자석물질에 외부에서 강한 자기장을 가하여 물질 전체의 자기화가 한 방향이 되도록 만들어서 이 자기화가 쉽게 없어지지 않는 상태의 자석이다.

02 자력선

자력이 미치는 성질을 갖는 범위를 **자계**磁界 또는 **자장**磁場이라 하며, 자력은 눈에 보이지 않으므로 이미지를 떠올리기 쉽게 하기 위해서 생각해 낸 것이 **자력선**磁力線이다. 자력선은 N극에서 나오고 S극으로 들어간다고 정의되고 있다(자석의 내부는 제외).

자력선은 도중에서 갈라지거나 끊기거나 교차하지 않으며, 간격이 좁을수록 자력이 세다. 물질의 종류에 따라서 자력선이 통과하기 쉬움에는 차이가 있으며, 자성체는 공기 중에서 자력선이 통과하는 것에 비해서 몇천 배나 통과하기 쉽다. 이러한 자력선이 통과하기 쉬운 정도를 나타낸 것을 **투자율**透磁率이라고 하며, 반대로 자력선이 통과하기 어려운 정도를 나타낸 것을 **자기 저항**reluctance이라 한다.

자력선은 투자율이 높은 부분으로 통과하려는 성질과 가장 짧은 거리로 통과하려는 성질이 있다. N극과 S극의 사이에 철 등의 자성체가 있다면 자력선은 공기 속을 통과하는 것보다 투자율이 높은 자성체 속을 통과하게 된다.

그러나 N극과 S극 사이의 거리가 최단 거리가 아닌 경우에는 통과하는 자력선이 늘어지고 있는 것이다. 이러한 경우 마치 늘어진 고무줄이 장력을 발휘하는 것처럼 자력선이 최단 거리가 되도록 자성체에 힘을 작용시킨다.

자력선은 N극에서 S극으로 향한다.
자력선은 갈라지거나 끊기거나 교차하지 않는다.

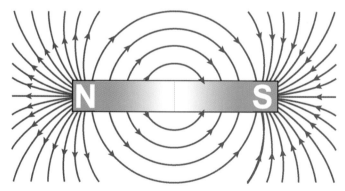

◑ 자력선과 자계

자력선의 간격이 좁을수록 자력이 세다.
자력선이 있는 범위가 자계(磁界)이다.

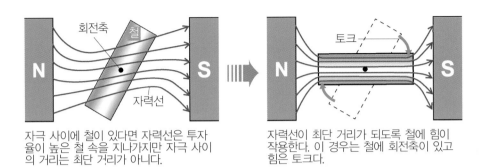

자극 사이에 철이 있다면 자력선은 투자율이 높은 철 속을 지나가지만 자극 사이의 거리는 최단 거리가 아니다.

자력선이 최단 거리가 되도록 철에 힘이 작용한다. 이 경우는 철에 회전축이 있고 힘은 토크다.

◗ 자력선의 통과

03 전자석Electromagnet

> **앙페르의 오른 나사 법칙**
>
> 전류가 흐르는 방향을 오른 나사의 진행 방향에 일치시키면 자력선의 방향은 오른 나사가 회전하는 방향과 일치한다.

도선에 전류가 흐르면 도선을 둘러싼 것처럼 동심원의 자계가 발생한다. 자력선이 향하는 방향은 앙페르의 오른 나사 법칙에서 설명하듯이 전류의 방향에 대해서 시계 방향으로 된다. 이렇게 하여 만드는 자석을 **전자석**電磁石이라고 하며, 도선 1개로 얻는 자력은 약하기 때문에 일반적으로 도선을 감은 형상으로 한 코일이 사용된다. 이렇게 코일로 사용하는 것은 인접한 도선에서 발생된 자력선이 합성되어 1개의 큰 자계가 형성되기 때문이며, 코일 내에 철심을 넣으면 자력선이 통과하기 쉬워 더욱 강한 자계가 형성된다. 또 자석의 자계는 전류에 비례하여 강해지고 전류가 같다면 코일의 권수가 많을수록 자계가 강해진다.

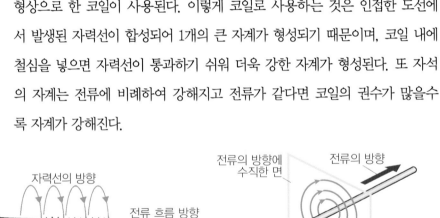

◗ 앙페르의 오른 나사 법칙

◗ 자력선의 방향

◗ 코일을 만드는 전자석

전자력과 유도 기전력

chapter

03

전자 유도는 자기장이 변하는 곳에 있는 도체에 전위차(전압)가 발생하는 현상을 말한다. 자속의 밀도가 변화하거나 도체가 자속의 밀도가 일정하지 않은 공간을 움직일 때 작용할 수 있다. 전자 유도는 발전기와 모터 등 전기 구동기의 바탕에 있는 법칙이다.

01 전자력 Electromagnetic Force

자계 속에서 도선에 전류를 흘리면 기존의 자계 속의 자력선은 전류에 의해서 발생하는 자력선이 영향을 줌으로써 도선을 움직이는 힘이 발생한다. 이 힘을 **전자력**電磁力 또는 **로렌츠의 힘**이라고 하며, 모터의 회전 원리에 이용된다. 자기는 안정된 상태가 되려는 성질이 있기 때문에 이러한 현상이 발생된다.

이때의 전류, 자계, 전자력의 방향은 일정한 관계가 있으며, 플레밍의 왼손 법칙으로 설명이 된다. 왼손의 엄지손가락, 인지, 가운데 손가락을 서로 직각으로 교차 하듯이 펴고 **인지**를 **자력선의 방향**에, **가운데 손가락**을 **전류의 방향**에 일치시키면 **엄지손가락**의 방향으로 **전자력**이 작용한다.

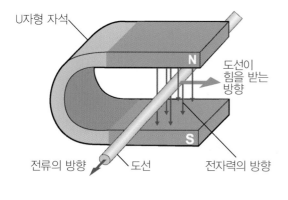

U자형 자석

도선이 힘을 받는 방향

전류의 방향   도선   전자력의 방향

◑ 전자력

자석의 자력선이 아래쪽으로 이동하고 전류가 안쪽에서 앞쪽으로 흐르는 도선에는 시계 반대 방향의 자력선이 발생한다. 도선을 향하여 왼쪽에서는 양측의 자력선 방향이 같아지기 때문에 자계가 강해진다. 반대로 도선의 오른쪽에서는 양측의 자력선이 역방향으로 되어 부딪치기 때문에 자계가 약해진다. 자기는 안전된 상태가 되려는 성질이 있기 때문에 이 자계의 강약을 없애고 도선 양쪽의 자계가 균등하도록 도선은 자계가 약해진 오른쪽으로 움직인다.

전기 자동차 | **57**

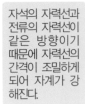

자석의 자력선과 전류의 자력선이 같은 방향이기 때문에 자력선의 간격이 조밀하게 되어 자계가 강해진다.

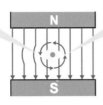

자석의 자력선과 전류의 자력선이 역방향이므로 자력선의 간격이 벌어져 자계가 약해진다.

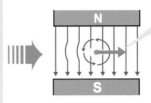

전자력
오른쪽으로 이동하여 도선 양쪽의 자력선이 균등한 상태가 되도록 힘이 작용한다.

◑ 전자력

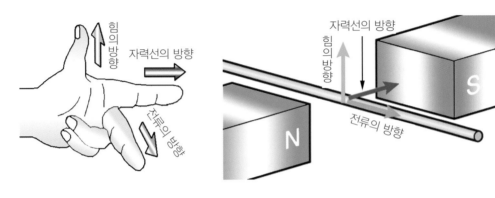

◑ 플레밍의 왼손 법칙

02 유도 기전력Induced Electromotive Force

자계 속에서 도선을 움직이면 도선이 자계에 영향을 주기 때문에 도선에 전류가 흐른다. 이 현상을 **전자 유도 작용**電磁誘導作用이라 하며, 발전기의 발전 원리에 이용된다. 발생하는 전압을 **유도 기전력**誘導起電力, 흐르는 전류를 **유도 전류**誘導電流하며, 자기의 안정을 유지하려는 성질에 의해서 이와 같은 현상이 발생된다.

이때의 자계, 운동, 전류의 방향은 일정한 관계가 있으며, 플레밍의 오른손 법칙으로 설명이 된다. 오른손의 엄지손가락, 인지, 가운데 손가락을 서로 직각으로 교차 하듯이 펴고 **인지**를 **자력선의 방향**, **엄지손가락**을 도선의 **운동 방향**에 일치시키면 **가운데 손가락**이 **유도 기전력**을 표시한다.

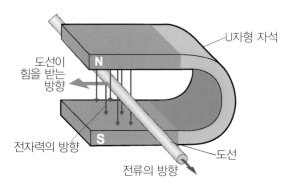

○ 유도 기전력

자석의 자력선은 아래로 향하고 도선이 오른쪽에서 왼쪽으로 이동하면 도선을 향하여 왼쪽에서는 자력선이 밀려서 간격이 좁아져 자계가 강해진다. 반대로 도선의 오른쪽에서는 자력선의 간격이 확산되어 자계가 약해진다.

자기는 안정된 상태를 유지하려는 성질이 있기 때문에 도선을 원래의 위치로 되돌리는 방향으로 힘이 발휘되도록 작용한다. 그 때문에 도선 주위에 왼쪽의 자력선이 필요하므로 도선 안에서는 전류가 앞쪽 방향으로 흐른다.

도선이 다가감으로써 자력선이 밀려서 간격이 좁아져 조밀해지기 때문에 자계가 강해진다.

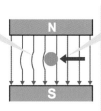
도선이 이동하여 공간이 생기고 자력선의 간격이 벌어져 멀어지기 때문에 자계가 약해진다.

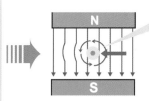
전자유도
도선을 원래의 위치로 되돌리는 방향으로 자력선을 발생시키는 방향으로 전류가 흐른다.

○ 유도 기전력

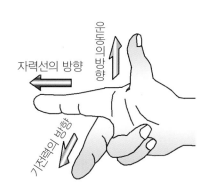

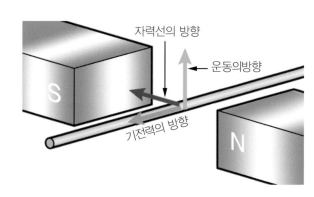

○ 플레밍의 오른손 법칙

전자 유도 작용

코일 자신에 흐르는 전류를 변화시키면 그 변화를 방해하는 방향으로 유도 기전력이 발생하는 작용을 자기 유도 작용이라 한다. 또한 직류 전기 회로에 자력선의 변화가 생겼을 때 방해하기 위해서 다른 전기 회로에 기전력이 발생되는 현상을 상호 유도 작용이라 한다.

01 전자 유도 작용電磁誘導作用

> **와전류**
> 도체의 걸린 자기장이 시간적으로 변화할 때 전자기 유도에 의해 도체에 생기는 소용돌이 형태의 전류

　도선을 코일로 하는 것에 의해서 전자석의 자계가 강해지는 것과 마찬가지로 코일에서도 **전자 유도 작용**이 일어난다. 코일 속에 막대자석을 넣거나 또는 **빼내면서** 움직이고 있을 때는 코일에 **유도 전류**가 흐른다. 자석의 이동이 **빠**를수록, 코일의 권수가 많을수록 유도 기전력이 커진다.

　전자 유도 작용은 도선이나 코일 이외에서도 발생한다. 변화하는 자계 속에 반도체를 위치시키면 유도 전류가 흐른다. 예를 들어 동판의 한 점을 향해서 자석의 N극을 가까이 접근시키면 동판 위에 반시계 방향으로 전류가 흐르는데 이를 와전류渦電流라고 한다. 이러한 와전류는 전력 손실을 발생시키고 모터의 효율을 떨어뜨리는 요인이 되기도 하지만 모터의 회전 원리에 이용되기도 한다.

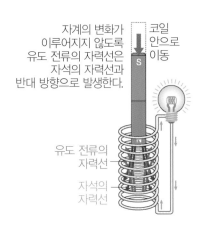

자계의 변화가 이루어지지 않도록 유도 전류의 자력선은 자석의 자력선과 반대 방향으로 발생한다.

코일 안으로 이동

유도 전류의 자력선

자석의 자력선

코일 내에 자력선이 있어도 변화가 없으면 유도 전류는 흐르지 않는다.

정지

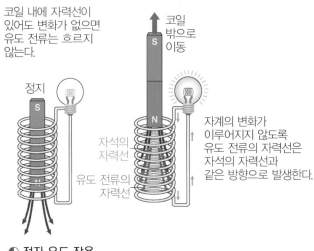

코일 밖으로 이동

자계의 변화가 이루어지지 않도록 유도 전류의 자력선은 자석의 자력선과 같은 방향으로 발생한다.

자석의 자력선

유도 전류의 자력선

◑ 전자 유도 작용

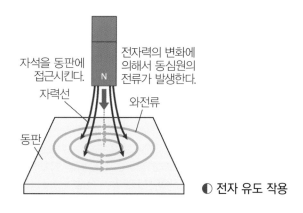

자석을 동판에 접근시킨다.

전자력의 변화에 의해서 동심원의 전류가 발생한다.

자력선

와전류

동판

◐ 전자 유도 작용

02 자기 유도 작용과 상호 유도 작용

코일에 전류가 흐르면 전자석이 되지만 자석이 되는 과정에서 자계의 변화가 이루어지기 때문에 코일에 유도 전류가 흐른다. 이때의 유도 전류는 코일에 흐르는 전류와 반대 방향으로 흐른다. 이를 **자기 유도 작용**磁氣誘導作用이라 한다. 또한 전류의 흐름이 차단될 때에도 자기 유도 작용이 이루어지며, 이때의 유도 전류는 코일에 흐르는 전류와 같은 방향으로 흐른다.

자계를 공유할 수 있도록 배치한 2개의 코일 사이에서도 전자 유도 작용이 이루어진다. 이를 **상호 유도 작용**相互誘導作用이라 하며, 한쪽의 코일에 직류 전류가 흐르는 순간과 전류의 흐름을 차단하는 순간에 다른 쪽의 코일에 유도 기전력이 발생한다. 교류일 경우에는 항상 자계가 변화하기 때문에 다른 코일에 유도 전류가 흐른다.

상호 유도 작용은 코일의 권수비에 따르는 유도 기전력이 변화한다. 보통 전원의 전류가 흐르는 코일을 **1차 코일**, 유도 전류가 흐르는 코일을 **2차 코일**이라고 하며, 권수비가 1대 2이면 2차 코일에 흐르는 전류 전압은 1차 코일의 2배가 된다. 단, 전력은 일정한 것으로 전류는 1/2이다. 상호 유도 작용은 트랜스에서 교류 전압을 변환할 때 이용된다. 또한 엔진의 점화 장치로도 이용되고 있다.

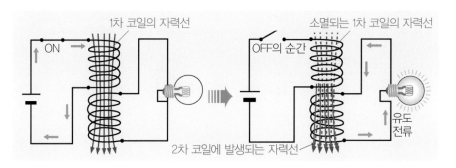

1차 코일의 자력선

ON

소멸되는 1차 코일의 자력선

OFF의 순간

유도 전류

2차 코일에 발생되는 자력선

모터와 발전기

전력을 이용하여 회전운동의 힘을 얻는 기계를 모터라 하며, 모터의 축에 기계적 부하를 연결하여 운전한다. 발전기는 역학적 에너지를 전기 에너지로 변환하는 장치로 전자 유도를 이용한다. 발전기의 기본원리는 모터의 원리와 같이 앙페르 법칙과 패러데이의 유도 법칙이다. 따라서 전기 에너지의 역변환은 모터로 수행되며 모터와 발전기는 많이 흡사하다.

01 자석의 반발력을 회전으로 바꾼다

먼저 자석에 대해 조금 복습해보자. 자석은 N(+)극과 S(−)극이라는 두 개의 극을 갖고 있으며, 자석은 그 주위에 자력이라는 힘을 미친다. 가령 N극과 S극을 좌우로 갖고 있는 봉棒자석에서는 N극에서 S극을 향해 자력이 작용하고 있다고 생각하여 그 흐름을 자력선이라고 부르고 있다.

두 개의 봉자석을 사용하여 N극과 S극을 마주보게 하면 N극에서 S극을 향하여 작용하는 자력이 서로 당기는 힘을 일으키고 두 자석이 붙어서 떨어지기 어렵게 된다. 반대로 N극끼리 마주하면 S극으로 향하는 자력선의 작용으로 두 자석이 반발력을 일으켜 서로 떨어지려고 하며, S극끼리 마주하더라도 마찬가지이다. 이와 같은 자석이 갖는 특성을 회전하는 움직임으로 이용한 것이 모터이다.

02 모터의 구조

전기 모터의 대부분은 전기와 자기 작용을 이용하여 전기 에너지를 운동 에너지로 변환한다. 직선적인 힘을 발생하는 리니어 모터도 있지만 상당수는 토크를 발생하는 **로터리 모터**(회전형 모터)이다. 모터의 경우도 엔진의 경우와 마찬가지로 토크와 회전수를 곱한 것이 **출력**出力이다.

모터는 **계자(스테이터)**와 **전기자(로터)**로 구성되며, 계자와 전기자는 영구 자석 또는 전자석으로 작용하는 코일, 철심 등이 사용되며, 그 조합에 의해서 다양한 종류의 모터가 있다.

> **출력**
> 엔진, 전동기, 발전기 등이 외부에 공급하는 기계적 · 전기적인 힘을 말한다.

가장 일반적인 모터의 구조는 케이스에 계자가 배치되고 그 내부에 회전축과 전기자가 배치되어 있는데 이 모터를 **이너 로터형 모터**라고 하며, 이와는 반대로 중심에 계자가 배치되고 그 주위에 원통 모양의 전기자가 배치되어 있는 모터를 **아우터 로터형 모터**라고 한다. 또 대부분의 모터는 발전기로서도 기능을 하는데 발전기는 운동 에너지를 전기 에너지로 변환하는 장치이다.

즉, 모터는 운동 에너지와 전기 에너지를 양방향으로 변환할 수 있는 장치이다.

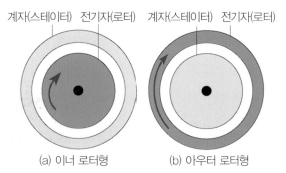

계자(스테이터)　전기자(로터)　　계자(스테이터)　전기자(로터)

(a) 이너 로터형　　　(b) 아우터 로터형

◐ 모터의 구조

03 모터의 특징

모터는 자석의 자력을 이용하여 축을 회전시켜 회전력을 만들어 내는 전기기계이다. 한편, 전기는 직류와 교류의 2종류가 있으며, 사용하는 전기의 차이에 따라서 모터도 직류 모터와 교류 모터로 나뉜다.

(1) 직류모터

직류 전기란 건전지나, 충전과 방전을 반복함으로써 몇 번이라도 이용할 수 있는 배터리로부터 얻을 수 있는 전기이다. 이것은 전기의 기본으로 예를 들어 정전기도 직류이다. 직류라는 단어 그 자체가 의미하듯 전기의 크기나 흐르는 방향이 변하지 않는 정말 똑바로 흐르는 전기라고 말할 수 있다.

그런데 자석에는 원래 그 물질이 자기磁氣를 갖는 영구 자석과 그 밖에 전자석이 있다. 전자석은 철심에 동(구리)선을 나선으로 감고 그 동선에 전기를 통하게 함으로써 자기를 발생시키는 자석이다. 그 동선에 흐르는 전기도 직류이며, 전기의 흐름을 이해하기 위해서는 이 직류가 기본이 된다.

배터리에 충전되어 있는 전기는 직류이므로 그것을 그대로 모터로 공급하여 회전시키는 것이 직류 모터이다. 그리고 배터리로부터 공급되는 전기의 양을 조절하면 회전을 빠르게 혹은 느리게 하는 변화를 줄 수 있다.

> **자기(磁氣)**
> 자석과 자석 또는 자석과 전류의 사이에 작용하는 힘의 근원이 되는 것을 말한다.

> **동선**
> 구리로 길게 만든 줄을 말한다.

(2) 교류모터

교류는 전신주를 통해 발전소에서 가정이나 공장 등으로 공급되는 전기이며, 직류와는 다르게 전기의 크기와 방향이 시시각각 변화하면서 흐른다. 그래프로 나타내면 그 모습은 파형波形으로 나타낼 수 있다. 그 이유는 발전소에서 발전기를 사용하여 만드는 전기 자체가 교류이고, 그것이 전국 각 처로 공급되기 때문이다.

이 교류를 모터에 인가하여 흐르게 하면 전기의 크기와 방향을 변화시키면서 파형의 전기가 반복적으로 전달되기 때문에 +와 −의 전기가 번갈아 전해지게 된다. 축이 1/2 회전(69p 직류 모터의 구성과 회전 원리 참조)한 뒤의 자석 N극과 S극의 전환을 자동적으로 해주는 장점이 있다.

> **파형**
> 물결처럼 기복이 있는 모양. 물결 모양이다.

● 모터의 분류

각종 모터의 이용 예

■ **직류 모터 → 영구 자석식**
이용 예 : 완구, 휴대전화의 진동 모터, 라디오 컨트롤·로봇의 서보 모터(servomotor) 등
해설 : 소형화가 가능하므로 이용하는 예에서 알 수 있듯이 작은 제품에 이용된다. 그리고 값이 싸기도 하다.

■ **직류 모터 → 권선식 → 직권 정류자**
이용 예 : 철도, 컨버트 EV 등
해설 : 시동 시의 발생 토크(회전력)가 크고, 또 넓은 속도 범위에 적용이 가능하기 때문에, 이용하는 예와 같이 속도 변화가 큰 교통수단에 적합하다.

■ **직류 모터 → 권선식 → 분권 정류자**
이용 예 : 엘리베이터, 기중기 등
해설 : 회전수에 의한 토크의 변화가 작다. 따라서 이용 예와 같이 안정된 힘을 발휘시키면서 움직이는 기기에 적합하다.

■ 교류 모터 → 유도식
이용 예 : KTX–산천, 소형의 수력·풍력 발전 등
해설 : 교류 모터의 대표적인 예, 토크 변동이 큰 부하에 적격이다.

■ 교류 모터 → 동기식
이용 예 : 전기 자동차, 하이브리드 카 등
해설 : 유도식에 비해 효율이 높다

◖ 동기식 교류 모터

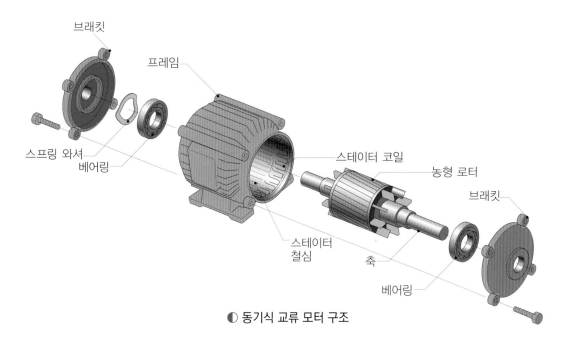

브래킷
프레임
스프링 와셔
베어링
스테이터 코일
농형 로터
브래킷
스테이터 철심
축
베어링

◖ 동기식 교류 모터 구조

04 회전을 연속시키는 방법에 의한 모터의 종류

봉자석을 좌우에 둔 경우는 각각 직선적으로 끌어당기거나 떨어지려고 하지만, 떨어지려고 하는 자석의 한가운데를 고정시켜 회전할 수 있게 한다면 같은 극끼리는 자력선의 작용에 의해 반발력을 일으킨 힘으로 가운데가 고정시킨 자석을 회전시키는 힘으로서 작용한다. 이와 같이 한가운데를 축으로 만들어 억제한 자석은 모터의 원형原型이 된다.

그러나 회전한 자석이 1/2 회전을 한 상태를 생각해 보면 이번에는 N극과 S극이 서로 마주보는 관계가 되어 서로 끌어당기는 힘이 작용하기 때문에 회전을 멈추려고 하는 힘으로서 작용함으로써 그 상태로는 연속해서 회전할 수가 없다. 그래서 1/2 회전을 한 뒤에도 반발력을 이용하여 회전이 계속 이루어지도록 모터가 설계되고 있다. 이러한 방법의 차이에 따라 **직류 모터**와 **교류 모터**로 구분된다.

직류 모터는 N극과 S극을 전환하기 위하여 전기의 +와 −가 바뀌는 구조물이 모터에 들어가 있다. **교류 모터**는 교류 전기의 흐름 자체에 +와 −를 반복하는 특성이 있기 때문에 N극과 S극의 전환은 자동적으로 실행된다.

> **원형**
> 제작물의 근본이 되는 거푸집 또는 본보기를 말한다.

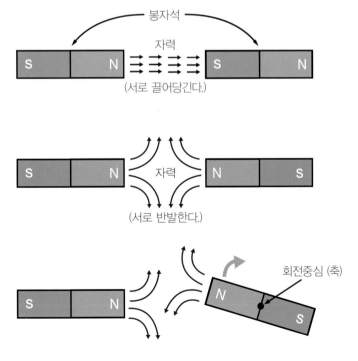

◑ 자석에 적용되는 자력선　　서로 반발하는 자력을 이용하여 회전력으로 하면, 모터가 된다.

05 메이커별 모터와 인버터

◑ 토요타 Lexus

◑ 혼다 FCX CLARITY-EV 모터

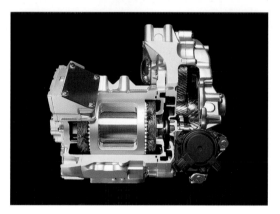

◑ 닛산 EM61-EV 모터

◑ 현대/기아 하이브리드 모터

◑ 닛산 LEAF

◑ 미쓰비시 iMiEV

◑ 토요타 프리우스

직류 모터

자석에는 봉자석과 같이 자력을 갖는 금속 물질 등의 영구 자석과 전기를 흐르게 하여 자력을 갖는 전자석이 있다. 그리고 모터는 영구 자석과 전자석을 적절히 조합하여 이용하고 있다.

01 직류 모터의 특성

(1) 영구 자석과 전자석이 조합된 기구를 사용한다

모터가 회전을 계속 유지하기 위해서는 영구 자석만으로는 불가능하다. N(+)극과 S(−)극을 어떻게 변환시켜 줄 것인가에 대한 연구가 없으면 모터의 회전축을 계속해서 돌릴 수가 없기 때문이다. 그래서 모터의 구조는 **영구 자석**과 **전자석**을 조합시킨 기구인 것이다. 그 중에는 전자석만으로 이루어진 모터도 있다.

모터의 기본이라고도 말할 수 있는 **직류 모터**는 일반적으로 회전축 쪽에 **전자석**, 그 주변에 영구 자석을 배치한다. 영구 자석은 N극과 S극의 특성이 변하지 않는다. 한편, 전자석의 경우는 철심에 동(구리)선을 나선상으로 감은 코일로 되어 있으며, 동선의 양 끝에 전기를 흐르게 하여 자력을 만들어 내는 구조인데 그 전기의 흐름에 따라 N극과 S극으로 변환시킬 수 있다.

> **영구 자석**
> 영구 자석은 자석물질에 외부에서 강한 자기장을 가하여 물질 전체의 자기화가 한 방향이 되도록 만들어서 이 자기화가 쉽게 없어지지 않는 상태의 자석이다.

(2) 전류의 (+)와 (−)를 절체切替시키는 브러시를 사용한다

배터리에서 흘러온 전기는 직류이며, 그 전기는 +에서 −로 흐른다. 이 흐름을 회전축이 1/2 회전했을 때에 변환시키면 전자석의 극은 N→S→N→S… 와 같이 순차적으로 바뀌고 축은 상대측 영구 자석의 극과 같은 극을 반복적으로 마주보게 함으로써 반발력을 받아 계속해서 회전이 가능하게 되는 것이다. 그러면 전기의 +와 −를 어떻게 변환할 것인가 그것이 과제이다. 직류 모터는 **브러시**brush라고 불리는 접촉면을 배터리에서 연결시킨 전선電線의 끝에 설치하고 그 브러시를 **정류자**commutator라고 하는 회전축에 접촉시킨다.

브러시가 있기 때문에 축이 1/2 회전할 때마다 전자석에 전해지는 전기를 +와 −로 변환할 수 있다. 이렇게 해서 모터가 연속적으로 회전을 할 수 있게 하는 것이다.

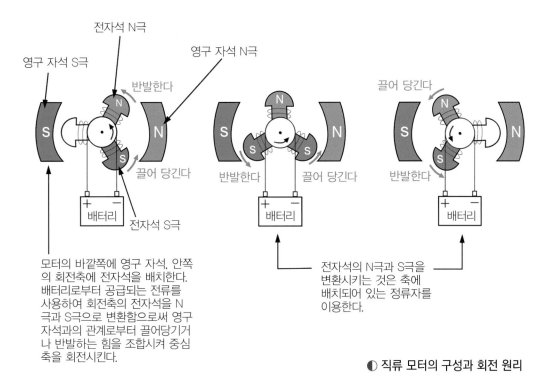

모터의 바깥쪽에 영구 자석, 안쪽의 회전축에 전자석을 배치한다. 배터리로부터 공급되는 전류를 사용하여 회전축의 전자석을 N극과 S극으로 변환함으로써 영구 자석과의 관계로부터 끌어당기거나 반발하는 힘을 조합시켜 중심축을 회전시킨다.

전자석의 N극과 S극을 변환시키는 것은 축에 배치되어 있는 정류자를 이용한다.

◑ 직류 모터의 구성과 회전 원리

직류 모터의 장단점

■ **장점**

직류 모터는 배터리를 전원으로 위의 그림과 같이 간단한 기구로 동력을 발생시킨다. 기구가 간단하기 때문에 값이 저렴하다. 또는 모터 전체를 교환하더라도 모터의 가격이 싸기 때문에 교환에도 그만큼 부담이 되지 않고 해결할 수 있다. 작은 배터리를 전원으로 하는 휴대가 가능한 소형 가전제품 등 이용 범위가 다양하게 늘어나고 있다.

■ **단점**

위 그림과 같은 기구에서 전기의 흐름을 바꾸기 위해 브러시라고 하는 접점이 필요하며, 장기간 사용으로 브러시가 마모되면 교환이 필요하여야 한다. 그리고 브러시와 같은 접점이 있기 때문에 매우 높은 고속 회전용으로는 사용할 수 없다.

02 직류 정류자 모터

자동차에서 구동용 이외에 사용되는 모터의 대부분은 직류 정류자 모터 Brushed DC motor이다. 자동차 이외에도 가장 친근한 존재의 모터이다. 정류자 와 브러시라는 부품이 중요한 역할을 하므로 이 명칭이 사용되고 있다.

(1) 브러시 부착 직류 모터

직류 정류자 모터는 **계자**에 영구 자석, **전기자**에 코일을 사용하는 **영구 자석형 직류 정류자 모터**가 일반적이지만 계자에도 코일을 사용하는 **권선형 직류 정류자 모터**도 있다. 직류 정류자 모터는 과거에 전기 자동차의 구동용으로 사용된 적도 있으며, 유도 모터가 채택되기 전에는 장기간에 걸쳐 **전철의 구동용 모터**로서 주류를 이루었다.

단순히 **직류 모터** 및 **DC 모터**와 같은 경우 직류 정류자 모터, 특히 영구 자석형을 사용하는 경우가 많다. 그러나 현재는 **브러시리스 모터**의 채택도 조금씩 늘어나면서 구별할 필요가 있어 **브러시 부착 직류 모터** 또는 **브러시 부착 DC 모터**라고 한다.

(2) 영구 자석형 직류 정류자 모터

직류 정류자 모터가 회전하는 원리를 자기의 **흡인력**과 **반발력**으로 설명하면 다음페이지 왼쪽 그림과 같이 전기자의 코일에 전류가 흐르면 **전자석**이 되어 **자기의 흡인력과 반발력**에 의해서 회전한다.

또한 회전하는 원리를 전자력으로 설명하면 다음페이지 오른쪽 그림과 같이 가장 단순화한 전기자 코일에 전류가 흐르면 **플레밍의 왼손 법칙**에 따른 **전자력**이 발생하여 코일이 회전한다.

그러나 어느 경우도 90°를 회전하면 정지하기 때문에 연속적으로 회전하기 위해서는 전류의 방향을 바꿔야 한다. 그 때문에 사용되는 것이 정류자와 브러시로 기계적인 스위치의 일종이라고 할 수 있다.

계자

고정자와 회전자를 이격시킨 공간(갭)에 회전기 동작에 필요한 자계를 확립하기 위한 구조로, 영구 자석을 사용하는 경우도 있지만 보통 돌극 위에 집중하여 감은, 혹은 고정자 또는 회전자의 갭에 면한 평활면상에 분포하여 감은 권선(계자 권선)에 전류를 흘리므로써 주어지는 기자력(계자 암페어턴)에 의해 갭 부분에 적당한 계자분포를 만들어내도록 한 것

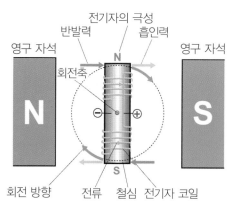

● 모터의 회전 원리 1

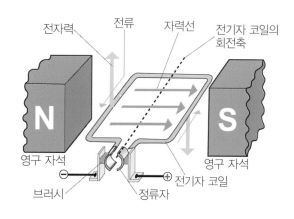

● 모터의 회전 원리 2

　그림과 같은 모터라면 180° 회전할 때마다 전류의 방향을 바꾸면 전기자가 연속해서 회전을 한다.

　이러한 모터의 경우 정류자의 간격을 벌리고 전류가 끊기는 순간을 만들지 않으면 합선이 되며, 만약 간격의 위치에서 전기자가 정지하면 다시 시작할 수 없다. 그래서 실제의 모터에서는 그림과 같이 3개 이상의 코일이 사용된다.

① 전기자의 각 코일에 발생하는 자기의 **흡인력**과 **반발력**에 의해서 전기자가 회전한다. 코일 2와 코일 3은 브러시에 직렬로 연결되어 있다.

② 계자의 N극과 정면으로 마주하는 코일 2는 전류가 흐르지 않기 때문에 자력이 발생되지 않지만 코일 1의 흡인력과 코일 3의 반발력으로 회전을 계속한다.

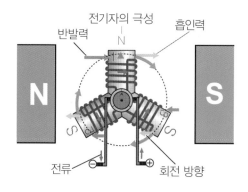

● 코일 2와 코일 3 브러시와 연결

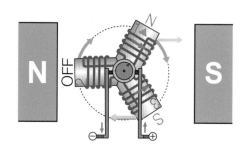

● 코일 1 흡인력과 코일 3 반발력

③ 코일 1과 코일 2는 브러시에 직렬로 연결되어 각 코일에 전류가 흐르는 것으로 회전을 계속한다.

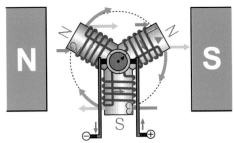

◑ 코일 1과 코일 2 브러시와 연결

이후에도 계자의 자극과 정면으로 마주한 코일은 전류가 흐르는 흐르지 않지만 다른 코일의 흡인력과 반발력으로 계속 회전을 한다.

(3) 직류 직권 모터

권선형 직류 정류자 모터의 경우 **전기자 코일**과 **계자 코일**에 전류가 흐르도록 하여야 한다. 전기자 코일과 계자 코일의 접속 방법에 따라서 몇 가지의 종류가 있지만 가장 많이 사용되는 것은 전기자 코일과 계자 코일을 **직렬로 접속**하는 **직류 직권 모터**이다. 직류 직권 모터는 기동 회전력이 큰 특성이 있어 엔진 시동 장치의 스타터 모터에 사용된다.

전기자
장치에 있어서 고정 부분에 대해 회전 또는 이동 운동에 의해 전기-기계 에너지의 변환 또는 회로의 개폐 등을 하는 부분을 말한다.

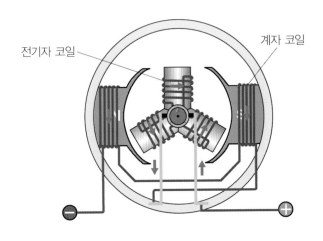

◑ 직류 직권 모터

(4) 직류 정류자 모터의 취약점

정류자와 **브러시**는 모터가 작동하고 있는 동안은 항상 마찰이 이루어진다. 부드러운 접촉이 가능한 소재가 선택되어 정류자의 단면 형상이 진원으로 만들어지고 있지만 그래도 소음이 발생하기 쉽다. 마모도 발생하므로 청소 등의 보수가 필요하게 되고 브러시의 교환을 요구하기도 한다.

또 전류의 흐름을 단속하기 때문에 고전압이 발생하고 브러시와 정류자 사이에서 불꽃 방전을 일으킬 수 있으며, **불꽃 방전**에 의해 브러시의 소모 및 손상을 초래한다. 이때 이상한 전류가 코일을 손상시키는 경우도 있다.

불꽃 방전에서 발생하는 전자파가 라디오 등의 전파를 이용하는 기기의 잡음이 되거나 가까운 전자 기기를 오작동 시키는 경우도 있다. 또 고속회전이 되면 매우 작은 단차도 브러시가 점프하여 정상적으로 전류를 공급하지 못한다.

고속회전에서는 원심력이 커지면서 정류자가 벗겨지거나 전기자 코일의 위치가 어긋날 가능성이 높아진다. 그래서 직류 정류자 모터는 회전속도를 높이는데 한계가 있다. 그러나 직류 정류자 모터는 제어가 간단하고 효율이 높으며, 취급이 쉬운 모터이다. 자동차에 사용되는 모터는 수명에 충분히 여유가 예상되고 있어 정상적으로 사용하면 정비 및 부품의 교환이 필요한 것은 없다.

03 브러시리스 모터

영구 자석형 직류 정류자 모터는 시동시의 토크가 크고 효율도 높으며, 제어하기 쉬운 특성이 있지만 정류자와 브러시에 취약점이 있다. 이 취약점을 해소한 모터가 **브러시리스 모터**Blushless motor이다.

(1) 전자적 회로에 의해서 전류의 방향을 변환한다

직류 정류자 모터는 기계적인 스위치이다. 정류자와 브러시에 의해서 코일에 흐르는 전류의 방향을 변환하고 있지만 **브러시리스 모터**는 이 스위치를 전자적인 회로에 의해서 바꾼다. 스위치의 동작을 확실히 하려면 회전 위치를 검출하는 **센서**가 필요하다.

브러시리스 모터는 직류 정류자 모터에서 발전한 모터이지만 현재는 교류로 구동되는 경우도 많다. 구분할 때는 각각 **브러시리스 DC 모터**와 **브러시리스 AC 모터**라고 한다.

사실 전기 자동차 및 하이브리드 자동차의 구동용 모터의 주류는 이 브러시리스 **AC 모터**라고 할 수 있다. 또 구동용 이외에 자동차에서 사용되는 모터도 제어를 고도화하기 위한 것은 **브러시리스 모터**가 사용되고 있다.

(2) 브러시리스 모터의 회전 원리

브러시리스 모터가 **영구 자석형 직류 정류자 모터**에서 발전된 것을 알기 쉽게 **표현**한 것이 아래 그림의 아우터 로터형 모터로서 코일이 3개인 직류 정류자 모터의 **정류자**와 **브러시**를 전자적인 회로로 대체한 것이다.

다만 다음 그림에서는 3개의 코일이 **전기자**, 밖에 설치된 영구 자석이 **계자**가 되는 **아우터 로터형**이다. 구동 회로의 스위치가 차례로 ON, OFF됨으로써 전기자가 연속해서 회전을 한다.

AC
교류 정류자 전동기. 전동기로서 사용되는 교류 정류자기. 직권, 분권 또는 복권 등 여러가지 특성의 것이 있다. 전력의 공급을 고정자, 회전자 또는 그 양쪽에서 하는 것이 있다.

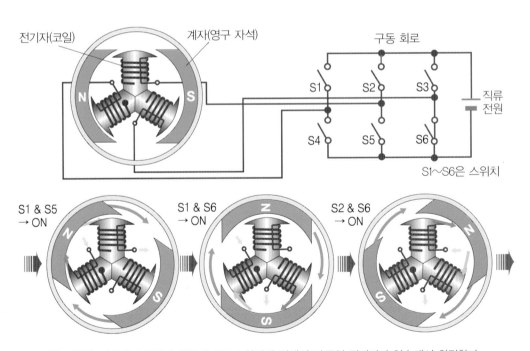

각 코일에는 2개의 스위치가 있으며, ON 스위치에 의해서 자극인 전기자가 연속해서 회전한다.

◗ 브러시리스 모터의 회전 원리

(3) 브러시리스 모터의 구동 방법

브러시리스 모터가 회전하는 원리에서 설명 했듯이 전기자 코일이 3개, 계자의 자극이 2극인 브러시리스 모터의 경우 6개의 스위치가 사용되며, 각 스위치는 1회전하는 동안에 **120°의 간격**으로 ON이 된다.

이러한 구동 방식을 **펄스파**pulse wave **구동** 또는 **사각파**Square wave **구동**이라고 하며, 전류의 흐름이 120° 간격으로 이루어지고 있다. 그러나 현재는 **사다리꼴 파형**trapezoidal waveform **구동** 및 **사인파**sine wave **구동**이라고 하는 방법도 있다.

사다리꼴 파형으로 구동을 하면 전류의 변화가 완만하고 모터의 진동과 소음을 억제할 수 있으며, 사인파 구동을 하면 회전이 더욱 원활하게 되지만 제어하기 위한 회로가 그만큼 복잡해지게 된다.

사인파 전류는 교류이다. 그래서 사인파 구동을 하는 브러시리스 모터를 **브러시리스 AC 모터**라고 하며, 제어하는 회로는 **인버터**가 일반적이다. 교류를 이용하여 구동을 하고 있지만 인버터는 **직류를 교류로 변환**하는 장치이기 때문에 전원은 **직류**가 필요하다.

또한 **사인파 구동**을 하는 **브러시리스 AC 모터**에 비해서 **펄스파로 구동**하는 것은 **브러시리스 DC 모터**이다.

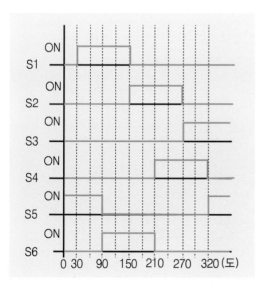

◐ 브러시리스 DC 모터의 스위치 동작

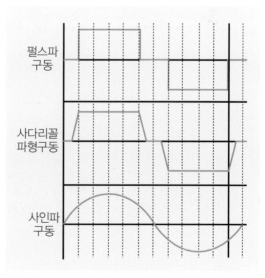

◐ 브러시리스 모터의 구동 파형

(4) 브러시리스 모터와 동기 모터

브러시리스 모터가 회전하는 원리의 예를 설명한 것은 아우터 로터형 모터지만 이를 이너 로터형 모터로 바꾸어 보면 그림과 같은 구조로서 삼상의 영구 자석형 동기 모터의 구조와 같다.

또한 사인파 구동을 하면 코일에 흐르는 전류도 같다. 그래서 현재는 인버터 등의 반도체 구동 회로에서 사용하는 것을 전제로 한 경우 **동기 모터를 브러시 리스 AC 모터**라고 호칭하는 경우도 늘어나고 있다.

인버터로 구동되는 경우 동기 모터라고 불러도,
브러시리스 AC모터라고 불러도 상관없다.

◗ 브러시리스 모터의 구조

브러시리스 모터

이러한 이유가 있기 때문에 전기 자동차 및 하이브리드 자동차의 구동 모터 제조업체에서 제원표 등의 표기에 동기 모터, 브러시리스 모터, 브러시리스 AC 모터 등 다양하지만 모두 같은 것이다.
이 가운데는 DC 브러시리스 모터라는 표기도 있지만 펄스파 구동을 채택하였다고 보기는 어렵다. 인버터도 모터의 일부로 파악하고 그 전원이 직류이므로 DC를 표기하는 것이 아닌가 생각이 된다.

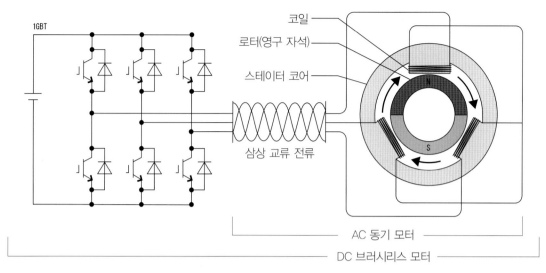

◑ AC 동기 모터와 DC 브러시리스 모터

구동 ◀━━ ② ━━━━━━━━━━━━━━━ ① 회생

발전함

스테이터에
인가하여

로터를 회전시킨다.

로터의 회전으로

로터

스테이터

**전기의 흐름을 반대로 하면 모
터는 발전기가 된다**

모터와 발전기는 거의 같은 구조
이다. 이 사진은 모터이면서 발전
기이기도 한 기구로 전기의 흐름
방향을 반대로 하면 모터는 그대
로 발전기가 된다.

◑ 회생과 구동

인버터Inverter

인버터는 직류로 입력되는 전원을 교류의 출력 전원으로 변환하는 것으로 일정한 주파수와 전압의 교류를 출력하는 것도 있지만 모터의 제어에서는 임의의 전압과 주파수를 출력할 수 있는 것을 이용하는 것이 일반적이다.

01 입력되는 직류 전원을 교류 전원으로 출력한다

인버터는 **직류**로 **입력**되는 전원을 **교류의 출력** 전원으로 변환하는 역할을 하며, **가변 전압 가변 주파수 전원**인 것을 나타내기 위해서 영어의 머리글자에서 **VVVF**Variable Voltage Variable Frequency **인버터**라고도 한다.

인버터는 스위칭 작용이 있는 전력용 반도체 소자에서 **ON·OFF를 반복하여 전류의 흐름을 규칙적인 시간 간격으로 단속**함으로써 임의의 전압으로 만들어 낸다. 이러한 방법으로 전류의 흐름을 단속한다는 의미의 영어에서 **초퍼 제어**chopper control라고 한다.

초퍼 제어는 여러 가지 방법이 있지만 일반적으로 채택되고 있는 것은 **펄스 폭 변조 방식**으로 영어의 머리글자에서 **PWM**Pulse Width Modulation **방식**이라고도 한다. 삼상 교류를 출력하는 인버터의 경우 6개의 스위칭 소자로 기본적인 회로가 구성된다.

스위칭 주파수
1초간의 스위칭 주기의 횟수를 스위칭 주파수라고 한다.

02 초퍼 제어

초퍼 제어 스위치의 ON과 OFF의 1초를 **스위칭 주기**라 하며, 1초간의 스위칭 주기의 횟수를 **스위칭 주파수**라고 한다. **펄스 폭 변조 방식**에서는 스위칭 주기를 일정하게 하여 ON시간의 비율을 바꿈으로써 전압을 조정하는데 이 ON시간의 비율을 **듀티비**라고 한다.

스위칭 주파수가 낮으면 출력된 전력을 사용하는 기기는 정상적으로 동작할 수 없지만 1초에 몇 만회라는 스위치의 ON·OFF라면 전압의 평균값이 출력 전압이 되어 기기가 정상적으로 동작한다. 가령 듀티비를 50%로 하면 본래 전압의 50% 전압으로 출력할 수 있다.

실제의 회로에서는 스위칭 소자가 사용되고 전압 변화의 요철을 부드럽게 하는 평활 회로도 병용한다. 다만 듀티비가 너무 작으면(출력 전압을 낮추면) OFF 시간이 길어지고 전류가 안정되지 않기 때문에 출력이 가능한 전압에는 하한下限이 있다.

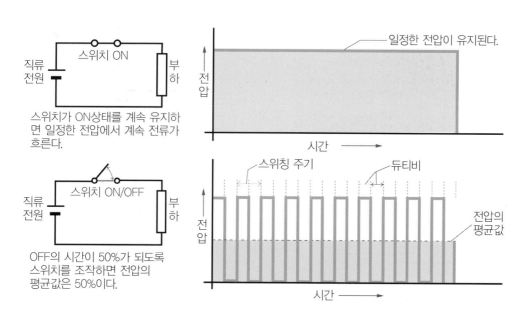

◗ 초퍼 제어

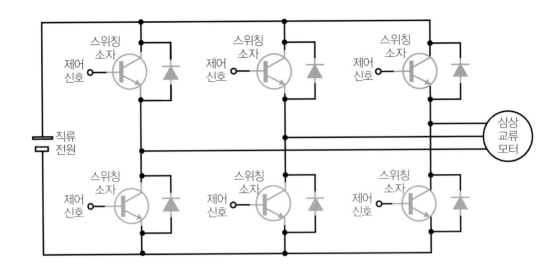

스위칭 소자와 병렬로 배치되어 있는 다이오드를 프리 휠 다이오드라고 한다. 스위칭
소자가 OFF되는 순간에는 모터 코일에 자기 유도 작용에 의해서 높은 전압이 발생한다. 이
높은 전압이 스위칭 소자에 인가되면 소자를 파손하기 때문에 다이오드를 통해서
전원 측에 공급하도록 경로가 설치되어 있다.

◑ 삼상 인버터의 기본 회로

◑ 닛산 LEAF

◑ 미쓰비시 iMiEV

◑ 토요타 프리우스

03 유사 사인파 출력

초퍼 제어의 예에서는 직류 전압으로 변환하고 있지만 6개의 스위치를 사용하면 삼상 교류의 출력이 가능하게 된다. ON·OFF를 고속으로 동작시키는 것은 기계적인 스위치에서는 불가능하므로 6개의 스위칭 소자가 사용되며, 2개를 1조로 편성하여 1상을 담당한다.

한쪽의 스위칭 소자가 ON일 때 흐르는 전류를 **순방향**이라면, 다른 스위칭 소자가 ON일 때에는 **반대방향**으로 전류가 출력된다. 듀티비를 연속적으로 변화시키고 전압의 변화를 교류 본래의 파형인 **사인 곡선**에 접근하면 교류의 출력이 가능하다. 이러한 출력을 **유사 사인파 출력**이라 한다.

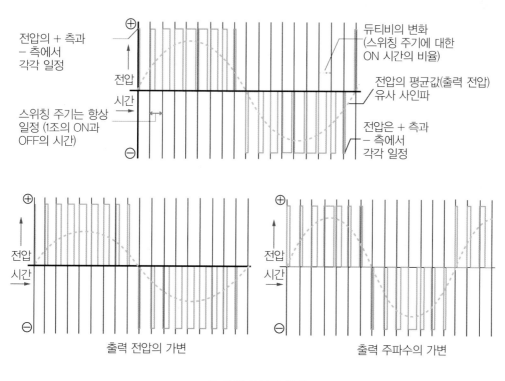

● 유사 사인파 출력

chapter 08

교류 모터

교류 모터는 가정용 가전제품 등에 자주 사용된다. 왜냐하면 전력회사로부터 송전된 가정용 전기는 직류가 아니라 교류이기 때문이다. 교류는 시간의 경과에 따라 주기적으로 전기의 크기와 방향이 바뀌므로 +와 −가 번갈아 공급되는 것이다.

01 교류 모터의 특성

(1) 교류 유도 모터

모터의 종류에서 기술했듯이 배터리에서 공급되는 직류는 +와 −의 방향이 변하는 경우는 없다. 그러므로 모터의 회전축에 조립된 전자석에 전기를 인가하면 +와 −가 변환될 수 있도록 **브러시**를 설치하였다.

그러나 교류를 사용한다면 주기적으로 전기의 방향, 즉 +와 −가 변환되기 때문에 직류 모터에서 필요했던 브러시가 필요 없다. 더욱이 전기의 방향이 바뀔 때 전기의 크기도 변화하므로 이것을 잘 이용하면 자석끼리의 반발력에 강약을 주어서 회전에 힘을 얻을 수 있다. 이것이 교류 모터 중에서도 **유도 모터**라고 불리는 대표적인 모터의 특징이다. 그 덕에 전기 공급에 변동이 있더라도 비교적 안정된 회전을 얻을 수 있는 장점이 있다.

(2) 영구 자석식 동기 모터

교류 모터 중에서도 전기 자동차나 **하이브리드 카**에 많이 사용되는 것이 **동기 모터**로 회전축 쪽에 **영구 자석**이 이용된다. **유도 모터**에서는 그 어느 쪽도 전자석을 사용하거나 또는 회전축 쪽이 동(구리)선의 코일만을 사용하는 경우도 있다. 코일만 사용하면 구조가 간단하기 때문이다.

동기 모터는 바깥쪽의 전자석에 흐르는 교류에 의해 바뀌는 N극과 S극이 반대 극끼리 서로 끌어당기는 자력을 이용하는 것이 특징이다.

이 방식이라면 회전축이 자력의 힘으로 제멋대로 지나치게 회전하는 것을 억제할 수 있으므로 회전을 세분하여 조절하고 속도를 조정하여 달리는 자동차의 사용 방법에 알맞다.

교류 모터의 구성과 회전 원리

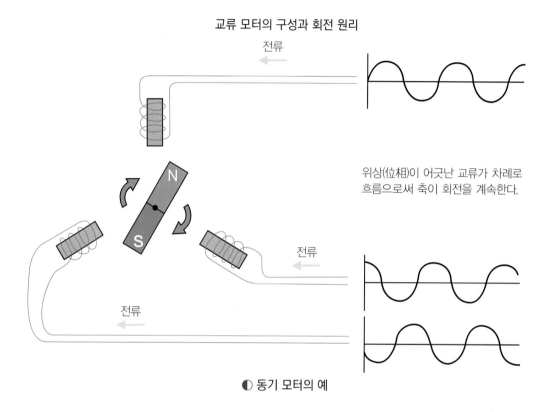

위상(位相)이 어긋난 교류가 차례로 흐름으로써 축이 회전을 계속한다.

◐ 동기 모터의 예

위의 그림은 회전축에 영구 자석을 사용하여 전기 자동차 등에서 이용되는 동기 모터의 예이다.

영구 자석의 주위에 전자석이 여러 개 있고 거기에 같은 파장이라도 그 흐르는 전류의 위상을 어긋나게 한 교류를 차례로 흐르게 하면 어긋난 순서대로 전자석의 전극이 바뀌며, 그로 인해 회전축의 영구 자석이 차례대로 자력의 영향을 받으며 회전을 계속하게 된다.

전기의 흐름을 제어하면 회전수를 빠르게 변화시킬 수 있기 때문에 전기 자동차와 같이 운전자의 의사에 따라 항상 속도를 조질하는 교통수단에 적합한 모터의 작동 방식이다.

02 동기 모터Synchronous motor

전기 자동차와 하이브리드 자동차의 구동에 사용되는 모터는 교류 모터의 일종인 **동기 모터**Synchronous motor이다. 보다 정확하게는 삼상 교류를 전원으로 하기 때문에 삼상 동기 모터이다.

(1) 삼상 교류의 회전 자계를 이용한다

삼상 교류 모터는 삼상 교류에 의해서 형성되는 회전 자계를 이용한다. 이너 로터형 모터는 일반적으로 스테이터가 회전 자계를 형성하는 코일이며, 로터는 여러 가지의 종류가 사용되지만 **구동 모터**에서는 영구 자석을 로터에 채택하는 **영구 자석형 동기 모터**가 일반적이다.

이외에도 코일의 전자석을 로터에 채택하는 **권선형 동기 모터**, 철심만으로 로터를 구성하는 **릴럭턴스형 동기 모터** 등이 있다. 이들의 동기 모터는 모두 **동기 발전기**로서도 기능을 한다. 엔진의 충전 장치에 사용되는 교류 발전기는 **권선형 동기 발전기**가 일반적이다.

(2) 삼상 회전 자계

> 권수
> 전선을 감은 수를 말한다.

권수卷數 등 성능이 모두 동일하고 3개의 코일을 중심 위치에서 120° 간격으로 배치하고 각각의 코일에 삼상 교류를 공급하여 전류가 흐르면 회전 자계가 형성되는데 이를 **삼상 회전 자계**라 한다.

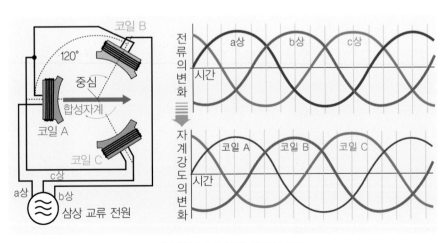

◑ 전류의 변화와 자계 강도의 변화

각각의 코일은 N극과 S극이 교대로 변화할 뿐이지만 삼상 교류의 각 상의 위상은 120° 간격이 있고, 각 코일의 위치도 120° 간격이 되면서 전체로는 합성된 자극이 회전한다.

회전속도는 교류의 주파수에서 일정하지만 주파수는 1초당의 주기 횟수에 대하여 표현하고, 회전속도를 표현하는 회전수는 1분당의 횟수를 표현하기 때문에 주파수를 60배 한 것이 **회전 자계의 회전수**이며, 이 속도를 **동기 속도**라고 한다.

이와 같이 N극과 S극 1조의 자극이 회전하는 것을 **2극기**|bipolar machine 라고 한다. 6개의 코일을 60° 간격으로 배치하면 2조 자극이 회전하는 **4극기**가 되며, 더욱더 다수의 코일을 사용하기도 한다.

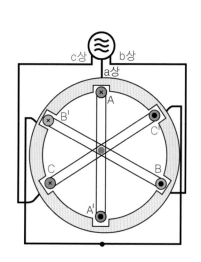

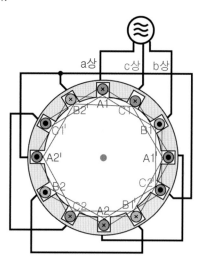

※ 알파벳은 코일을 표시한 것
　　A와 A'에서 1개의 코일을 구성한 것

※ 6개의 코일로 구성된 4극기

◗ 2극기와 4극기

또한 각각의 코일이 독립되어 있는 코일로 감는 방법을 **집중권**이라 하며, 코일을 2개 이상의 슬롯으로 나누어 감는 방법의 **분포권**이 있다.

분포권의 경우는 회전축의 면에 코일을 감는 것으로 자극의 회전이 원활하게 된다.

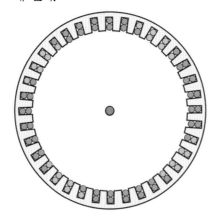

분포권에서는 넓은 범위에 자극이 분포할 수 있도록 철심에 다수의 슬롯을 만들어 각상의 코일을 차례차례 감는 것이 많다.

◗ 분포권

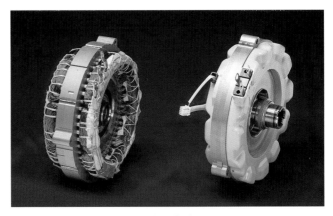

◗ 분포권 실물

(3) 영구 자석형 동기 모터와 권선형 동기 모터

회전하는 **자계** 속에 로터의 회전축으로 **영구 자석**을 배치하면 로터는 자기의 흡인력에 의해서 회전을 한다. 이것이 **영구 자석형 동기 모터**이다.

모터에 부하가 걸리지 않으면 로터의 N극과 스테이터의 S극은 정면으로 마주한 상태로 회전할 것이지만 실제로 모터를 사용할 때에는 부하가 걸리므로 스테이터 자극의 회전보다 로터 자극이 조금 늦게 회전한다.

로터의 회전이 늦다 해도 회전 자계의 회전속도보다 느린 것은 아니다. 회전속도 또한 마찬가지다. 부하가 일정하다면 같은 각도만 오프셋 상태로 회전을 한다. 이 각도를 **부하 각**이라고 한다.

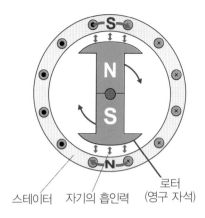

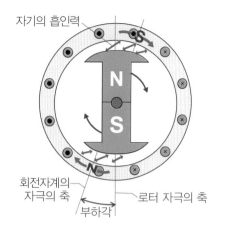

스테이터　자기의 흡인력　로터
　　　　　　　　　　(영구 자석)

자기의 흡인력

회전자계의
자극의 축　　　로터 자극의 축
　　　부하각

부하가 없으면 스테이터의 회전 자계의 자극과 로터의 자극이 정면으로 마주한 상태로 회전한다.

부하가 걸리면 자기의 흡인력이 토크를 발휘하면서 일정한 부하 각을 유지한 상태에서 로터가 회전한다.

◑ 자기의 흡인력과 부하 각

　권선형 동기 모터의 경우도 회전하는 원리는 똑같다. 로터의 코일에 전류를 공급하면 **전자석**이 된다. 회전하는 로터에 **슬립링**과 **브러시**라고 하는 부품을 통해서 전기를 공급하기 때문에 그만큼 구조가 복잡해진다.

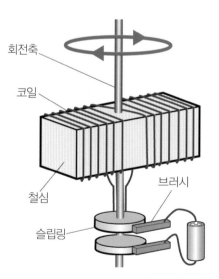

회전축

코일

철심

슬립링

브러시

권선형은 회전하는 코일에 전력을 공급하기 위해 슬립링과 브러시가 필요하다.

권선형 동기 모터의 구조 ◑

(4) SPM형 로터와 IPM형 로터

영구 자석형 동기 모터의 로터에는 자석의 배치 방법에 따라서 **표면 자석형 로터**와 **매립 자석형 로터**가 있다.

표면 자석형은 **SPM**Surface Permanent Magnet**형 로터**라고도 하며, 스테이터와 자석의 거리가 가깝기 때문에 자력을 유효하게 활용할 수 있고 토크가 크지만 고속회전 시에 원심력으로 자석이 벗겨져 떨어지거나 비산될 가능성이 있다. 매립 자석형은 **IPM**Interior Permanent Magnet**형 로터**라고도 하며, 고속회전 시의 위험성이 없지만 자력이 약하고 토크가 작다.

◑ SPM형 로터와 IPM형 로터

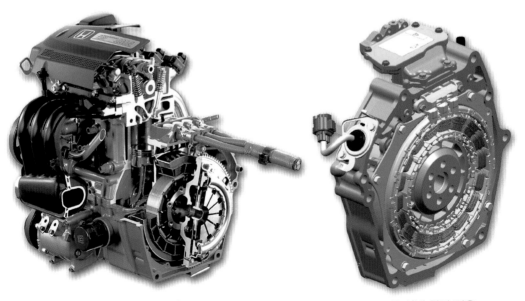

◑ 혼다 인사이트 적용   ◑ 시빅 차량 적용

(5) 릴럭턴스형 동기 모터

릴럭턴스 동기 모터reluctance synchronous motor는 로터에 자석을 사용하지 않고 스테이터의 극수와 같은 수의 **돌출부**(돌극)를 배치한 철심을 사용하기 때문에 **돌극 철심형 동기 모터**라고도 한다.

자력선은 N극에서 S극으로 최단 거리의 경로를 형성하기 위해 로터의 돌극突極이 스테이터 자극의 정면이 되도록 로터를 회전시킨다.

로터에 부하가 걸리고 있으면 자력선이 늘어지다가도 고무줄의 장력과 같은 힘이 발휘되어 회전 토크가 발생된다.

이와 같이 **릴럭턴스**(자기 저항)가 최소의 상태가 되도록 토크를 발생하기 때문에 **릴럭턴스형**이라고 하며, 이때의 토크를 **릴럭턴스 토크**라고 한다, 영구 자석형에 비하면 구조가 간단하고 제작비를 줄일 수 있지만 발생되는 회전력이 작다.

또한 영구 자석형은 자기의 흡인력에 의해서 회전하지만 릴럭턴스형도 늘어진 자력선에 의해서 회전한다. 영구 자석형은 로터의 자력선도 합세하기 때문에 릴럭턴스형보다 큰 토크를 발생한다.

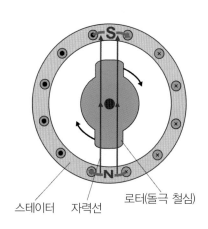
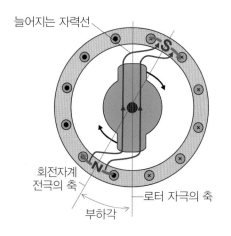

스테이터　자력선　로터(돌극 철심)

늘어지는 자력선

회전자계
전극의 축　　　　　로터 자극의 축

부하각

> 부하가 없으면 스테이터 회전 자계의 자극과 로터의 자극이 정면으로 마주하여 자력선이 최단 거리를 통과하는 상태로 회전한다.

> 부하가 걸리면 로터를 반대방향으로 당기는 것으로 자력선이 늘어지면 최단 거리를 유지하기 위해 잡아당기는 토크가 발휘한다.

◑ 릴럭턴스형 동기 모터

(6) IPM형 복합 로터

전기 자동차 및 하이브리드 자동차에서 구동용 모터의 주류가 된 것은 구조가 간단하고 **희토류**rare earth 자석의 채택으로 큰 토크가 발생되는 **영구 자석형 동기 모터**이다. 로터는 IPM형 로터를 채택하여 사용하는 경우가 늘어나고 있다.

원래 IPM형은 토크의 면에서 SPM형 로터보다 불리하지만 자석에 의한 토크magnet torque와 릴럭턴스 토크도 발생할 수 있도록 철심에 돌극突極을 배치하는 구조를 채택하는 경우가 늘어나고 있다. 이러한 로터를 **IPM형 복합 로터**라고 한다.

로터의 위치에 따라서 릴럭턴스 토크가 역방향에도 발생할 수 있어 1회전 사이에 발생하는 토크의 변동이 크지만 합계에서 얻는 복합 토크를 SPM형보다 크게 할 수 있다.

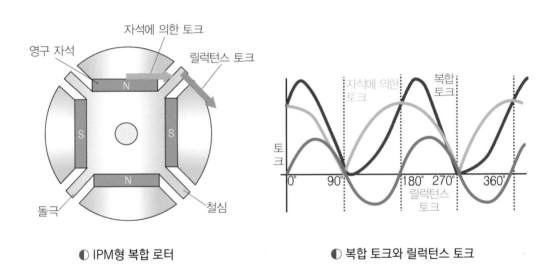

◐ IPM형 복합 로터　　　　◐ 복합 토크와 릴럭턴스 토크

(7) 인버터 제어

사실 동기 모터는 갑자기 전원을 연결해도 시동할 수 없는 것이 대부분이다. 전원의 주파수가 매우 낮은 모터에 걸리는 부하가 매우 적어야 스테이터의 회전 자계와 함께 로터가 회전을 시작할 수 있다.

시동은 여러 가지의 방법이 있지만 현재는 임의의 전압과 주파수의 교류를 출력할 수 있는 **가변 전압**과 **가변 주파수**의 전원에서 시동과 이후의 회전을 제어하는 경우가 많다. 이 전원으로 변환하는 장치를 일반적으로 **인버터** inverter라 한다. 전기 자동차와 하이브리드 자동차에서도 채택되고 있다. 매우 낮은 주파수에서 전류가 흐르기 시작하여 모터를 시동하고 주파수를 조금씩 높여나가 회전수를 높인다.

이러한 제어를 **주파수 제어**周波數制御라고 한다. 정확하게 제어하기 위해서는 로터의 회전속도 및 스테이터와의 위치 관계를 파악할 필요가 있어 회전축에 회전 위치 센서가 설치된다. 그 정보를 바탕으로 제어 회로가 인버터에 명령을 준다.

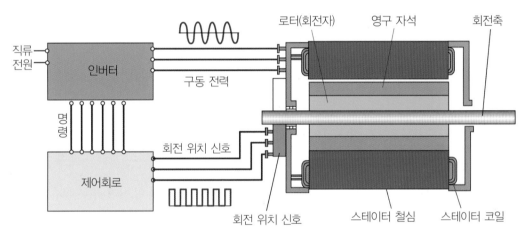

◗ 주파수 제어 회로

03 영구 자석식 동기 모터

영구 자석식 동기 모터가 전기 자동차용으로서 각광을 받는 것은 네오듐이라고 불리는 희토류를 사용한 영구 자석이 만들어지게 되었기 때문이다.

(1) 네오듐 자석의 발명으로 성능 향상

네오듐은 17개의 **희토류 원소**중 하나이다. 희토류 원소 물질은, 금이나 은 등의 귀금속에 비하면 매장량은 많지만, 광석 중에 함유되어 존재하며 그것을 분리하고, 정제하는 것이 어렵다는 점에서 희소한 원소라고 여겨진다.

그래서 희토류라고 불리는 것이다. 희토류 원소는 중국에서 값싸게 산출産出되기 때문에 세계의 97%가 중국산으로 쏠려 있으며, 매장량은 세계 3할이라고 알려져 있다.

그 희토류 원소 중의 네오듐을 사용한 영구 자석이 **네오듐 자석**이다. 네오듐과 철과 붕소의 화합물로 1982년에 일본의 스미토모 특수금속·사가와 마사토에 의해 발명되었다. 네오듐 자석은 일반적인 영구 자석인 페라이트 자석의 약 10배나 강한 자력을 갖는다고 알려져 있다.

자력이 강하여 소형화 고성능이 가능하기 때문에 전기 자동차나 하이브리드 카의 영구 자석식 동기 모터 이외에도 생활에 친근한 하드디스크 드라이브, 콤팩트디스크 플레이어, 휴대전화 등에 사용된다.

(2) 자동차 메이커들이 적극 이용

영구 자석식 동기 모터는 1990년대 전기 자동차를 개발할 때 발 빠르게 이용되었다. 그리고 1997년에 토요타 프리우스에도 사용되며, 하이브리드 카의 판매에 의해 양산 모터로서의 실적을 쌓아 올렸다.

네오듐 자석을 사용한 **영구 자석식 동기 모터**가 등장할 때까지 자동차를 달리게 하는 큰 힘을 낼 수 있는 교류 모터로서는 유도 모터가 주류였다. 보통의 영구 자석을 사용한 동기 모터로써는 자력이 낮아 힘이 부족했기 때문이다. 오늘날에는 소형 고성능이라는 점에서 유도 모터를 상회하며, 전기 자동차 개발에 촉진제가 되고 있다.

◑ 영구 자석식 동기 모터의 외관

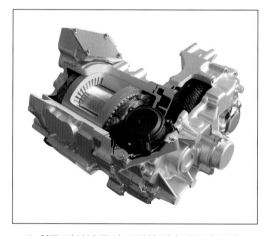

◑ 영구 자석식 동기 모터와 감속기구의 단면

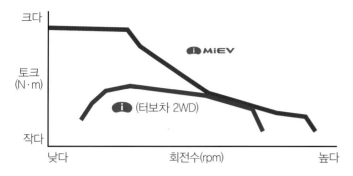

전기 자동차의 모터는 낮은 회전에서 큰 출력을 낼 수 있지만, 엔진의 경우는 어느 정도 회전이 올라가야 비로소 최대 힘이 발생된다.

◐ 모터와 엔진의 토크 특성 비교 (미츠비시 [i-MiEV])

04 유도 모터

앞으로 전기 자동차 및 하이브리드 자동차의 구동용 모터로 주류가 되는 것이 아닌가하는 것이 교류 모터의 일종인 유도 모터Induction motor이다. 보다 정확히는 삼상 교류를 전원으로 하기 때문에 **삼상 유도 모터**라고 한다.

(1) 전철의 구동 모터로 주류를 이루고 있다

유도 모터는 이미 채택하고 있는 전기 자동차도 있으며, 각 자동차의 제작사가 연구 개발을 계속하고 있다. 참고로, 같은 교통 기관인 전철의 **구동 모터**는 **삼상 유도 모터**가 주류다.

유도 모터도 회전 자계를 이용하는 모터로서 스테이터의 회전 자계를 형성하는 것은 코일이 담당하며, 로터는 다양한 것이 있지만 **농형 로터**squirrel cage type rotor가 일반적이다.

농형 로터를 채택하는 농형 유도 모터는 구조가 간단하고 튼튼하며, 영구 자석을 사용하지 않기 때문에 제작비를 줄일 수 있다.

그러나 시동 시에 큰 토크를 발생하지 못하여 시내 주행으로 많이 사용되는 저부하(저속 저토크) 영역의 효율이 동기 모터보다 낮아 하이브리드 자동차 등에 채택되는 경우는 적다.

다만 **고속회전 영역**에서는 효율이 높기 때문에 비교적 고속의 일정 속도에서 사용이 많은 전철에서는 유도 모터가 채택된다.

> 농형 유도 모터
> 구조가 간단하고 튼튼하며, 영구 자석을 사용하지 않기 때문에 제작비를 줄일 수 있다.

(2) 아라고의 원판 Arago's disc

유도 모터가 회전하는 원리를 아라고의 원판으로 설명하는 경우가 많다. 회전축을 배치한 알루미늄 등 비자성체로 도체의 원판에 대해서 그림과 같이 자력선이 원판을 가로지르도록 하고 자석을 회전시키면 **전자 유도 작용**으로 원판이 회전한다. 이 실험을 **아라고의 원판**이라고 한다.

자석의 이동에 의해서 자계가 이동하면 그 전후에 전자 유도에 의해서 와전류가 발생한다. 전후의 와전류 회전 방향은 서로 반대가 되지만 양쪽의 소용돌이가 맞닿는 부분에서는 전류의 방향이 같아 가장 강한 유도 전류가 된다.

이 유도 전류와 자석의 자력선에 의해서 전자력이 발생한다. 전자력의 방향은 플레밍의 왼손 법칙과 같으며, 자석이 이동하는 원호의 접선 방향으로 원판을 자석과 같은 방향으로 회전시킨다. 이 원리는 가정의 전력량계 등에도 사용된다.

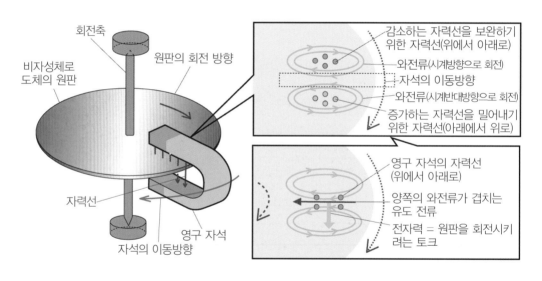

◗ 아라고의 원판(회전하는 원리)

(3) 농형 유도 모터

아라고의 원판 자석이 이동하는 대신에 회전 자계를 이용하고, 원판 대신에 회전축을 설치한 원통을 배치하면 원통에는 유도 전류가 발생하여 회전하는 **유도 모터**가 된다. 이 원통과 같이 유도 전류를 발생시키는 물체를 유도체라고 한다.

원통을 로터에 사용하면 와전류가 주위로 확산되어 효율이 떨어지기 때문에 실제의 삼상 유도 모터에서는 **농형 로터**(squirrel cage type rotor)가 채택된다. 유도체 주위에 자기를 흐르기 쉽게 하는 동시에 로터를 튼튼하게 철심과 알루미늄 또는 구리 등을 이용하여 바구니 모양으로 만들면 **유도체 로터**가 구성된다. 스테이터의 구조는 삼상 동기 모터와 동일하며, 코일에서 삼상 회전 자계를 발생시킨다.

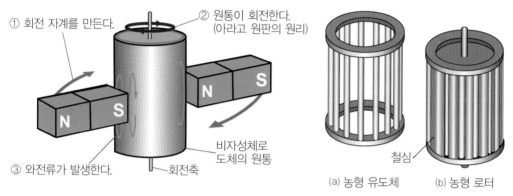

① 회전 자계를 만든다.
② 원통이 회전한다.
(아라고 원판의 원리)
③ 와전류가 발생한다.
비자성체로 도체의 원통
회전축
철심
(a) 농형 유도체　(b) 농형 로터

◑ 농형 유도 모터의 구조

(4) 유도 모터의 슬립

유도 모터에서는 로터에 자계의 변화가 없으면 **전자력**이 발생되지 않기 때문에 회전 자계의 **회전 속도(동기 속도)**보다 로터의 회전 속도가 느려야 한다. 유도 모터는 **주기 속도**와 **회전 속도**가 다르기 때문에 **비동기 모터**로 분류된다.

또 로터 회전 속도의 지연을 **로터의 슬립**이라고 하며, 슬립의 정도는 동기 속도와 로터 회전 속도 차의 비율로 나타내는 것이 일반적이며, 로터의 슬립이 0.3정도에서 최대 토크가 발생되는 모터가 많다.

유도 모터는 교류 전원에 연결하는 것만으로 시동이 가능하지만 슬립이 많고 토크가 작아진다. 인버터에 의한 제어라면 매우 낮은 주파수에서 슬립을 적게 유지하여 시동할 수 있어 시동시의 토크를 크게 할 수 있다. 또한 인버터는 시동 이후의 회전수를 자유자재로 제어할 수도 있다.

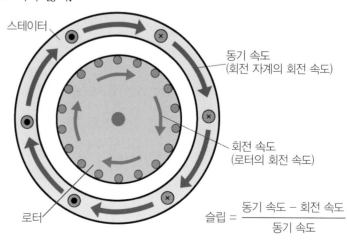

스테이터
동기 속도
(회전 자계의 회전 속도)
회전 속도
(로터의 회전 속도)
로터

$$슬립 = \frac{동기\ 속도 - 회전\ 속도}{동기\ 속도}$$

◑ 로터의 슬립

09

발전기

모터와 발전기는 같은 기구이다. 그런데 이것이 의외로 많이 알려져 있지 않다. 전기를 인가하면 모터가 되어 회전력이 만들어지지만 거꾸로 외부에서 여기에 힘을 가해 회전시키면 발전되어 전기가 나온다. 이 발전기에 대하여 설명하고자 한다.

01 내부의 기구機構는 모터와 동일하다

발전기 내부에 있는 기구는 모터와 똑같다. 회전축과 그 주변을 감싼 원통 모양의 부위에 자기磁氣를 갖는 자석과 구리로 만든 동선 코일이 설치되어 있다. 이 축에 회전력이 전해지면 자석과 코일 사이의 자력에 의해 전기가 만들어진다.

발전소의 발전기도 같은 원리로 움직인다. 댐에 저장된 물이 흘러 떨어지는 힘으로 축의 회전을 얻는 것이 **수력 발전**, 석유나 천연가스 또는 석탄을 태워서 그 열로 증기를 만들어 터빈을 움직여서 축을 돌리는 것이 **화력 발전**, 원자력의 핵화학 반응으로 핵분열을 일으키고 그 열로 화력 발전과 같이 증기를 만들어 터빈으로 축을 돌리는 것이 **원자력 발전**이다.

자전거의 발전기도 사람이 밟는 자전거의 타이어 회전을 이용하여 축을 돌려 발전한다. 전기 자동차에서도 마찬가지로 달리고 있는 자동차의 타이어 회전을 이용하여 발전기의 축을 회전시켜서 발전한다.

02 다이너모와 알터네이터

> **정류자**
> 정류자는 회전 할 때마다 바뀌는 접점으로 되어 있으며, 직류 모터의 브러시와 같다.

발전기에는 **다이너모**와 알터네이터가 있다. 그 어느 쪽이나 발전을 하는 기계이지만 다이너모는 직류를 발전하고 알터네이터는 교류를 발전하는 것으로 구별되어 진다. 다이너모는 정류자 발전기라고도 불리는데, 발전은 이 다이너모의 발명에서부터 시작되었다.

그러나 모터의 설명에서도 서술했듯이 코일과 자석의 관계에서 회전할 때 생기는 전기는 1/2 회전 할 때마다 그 크기와 방향이 변한다. 이것이 교류 전류이다. 이것을 직류로 변환시키는 기구가 다이나모에는 부착되어 있다. 그것을 정류자라고 한다. 정류자는 회전 할 때 마다 바뀌는 접점으로 되어 있으며, 직류 모터의 브러시와 같다. 여기서 교류가 직류로 변환되는 것이다. 한편 **얼터네이터**는 원래 발전기에서 만들어지는 전기가 교류인데 그것을 그대로 전선으로 흐르게 한다.

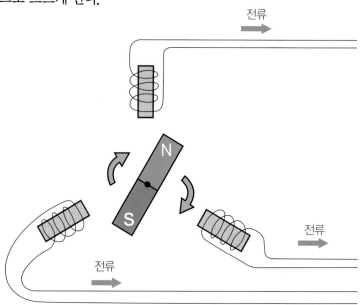

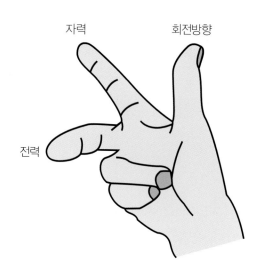

자석이 회전하면 주위의 코일과의 사이에서 플레밍의 [오른손의 법칙]에 의해, 자력의 직각방향으로 전력 즉 전기가 만들어진다. 이것이 발전기의 원리이다.

◑ 발전기의 구성과 원리

10

회생 回生

회생이라는 의미는 거의 희망이 없어진 상태에서 다시 되살아난 상태로 바뀌는 것이다. 여기서 사용하는 회생도 사용해버린 전기를 되찾는다는 의미로 사용한다. 모터로 소비한 전기를 발전기로 회수하는 것이다.

01 사용한 전기를 일부 회수하는 방식

사용한 전기를 회수한다고는 하지만 100% 모두를 다시 회복시킬 수 있는 것은 아니다. 지구상에 영원히 계속 움직이는 영구기관은 없다. 반드시 어느 정도의 손실이 발생하며, 사용된 에너지는 원래대로 되돌아오지 않기 때문이다.

그래도 회생장치를 사용함으로써 자동차를 달리게 하는데 사용해 버린 에너지를 일부 되찾을 수 있다. 이것이 전기 자동차의 큰 장점 중의 하나로써 효율이 좋다고 말할 수 있는 이유이기도 하다.

회생의 반대말로 역행力行이라는 말이 있으며, 전차에서는 이 단어가 사용되고 있다. 따라서 전기 자동차에서 사용해도 상관없지만 이제까지 자동차라면 내연기관 자동차가 중심이었고 내연기관 자동차에서는 회생이라는 것이 일어날 수 없었기에 역행이라는 단어도 낯설다.

02 발전發電과 동시에 브레이크의 효과도 있다

엔진 브레이크
액셀러레이터 페달을 밟지 않은 상태에서 엔진이 회전하고 있으면 엔진 내부의 마찰저항 등에 의해서 회전을 멈추려고 하는 힘이 작용하여 자동차를 감속시키는 것을 말한다.

전기 자동차에서는 어떻게 **회생**이 이루어지는 것일까. 자동차에 탑재된 배터리에 충전된 전기로, 모터를 움직여 전기 자동차는 달린다. 운전자가 가속 페달에서 발을 때면 배터리에서 모터로 보내지던 전기가 멈추고, 반대로 관성력이 모터의 축으로 전달되면서 발전기가 되어 전기를 만들어내며, 배터리로 충전을 시작하게 된다. 이렇게 전기 자동차는 감속할 때마다 배터리가 충전된다.

이때 다른 또 하나의 부가적 효과도 있다. 발전기는 자력의 영향으로 전기를 만들어내기 때문에 그 자력이 회전을 억제시키는 저항으로서 작용한다. 이것은 자동차의 감속을 촉진하는 힘이 되며, 내연기관 자동차에서 말하는 엔진 브레이크와 같은 효과를 만들어 낸다. 이것을 **회생 브레이크**라고 한다.

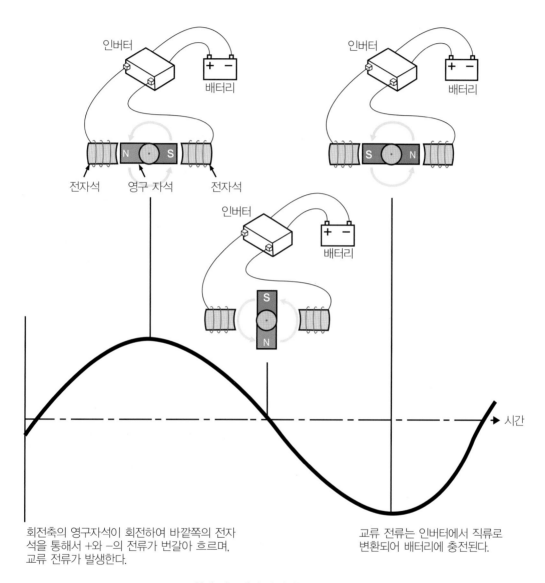

회전축의 영구자석이 회전하여 바깥쪽의 전자석을 통해서 +와 −의 전류가 번갈아 흐르며, 교류 전류가 발생한다.

교류 전류는 인버터에서 직류로 변환되어 배터리에 충전된다.

◗ 회생 시스템과 발전되는 교류의 관계

위의 그림과 같이, 모터가 발전기로 바뀌면서 전기를 만들어내 배터리에 충전된다. 그 때 자력의 작용으로 영구 자석의 회전을 멈추려고 하는 힘이 작용하는데, 이것이 **회생 브레이크**로서 감속력이 된다.

11

회생 제동과 컨버터

버려진 에너지를 회수해 다시 이용하는 것을 에너지 회생이라 하며, 제동할 때 이루어지기 때문에 회생 제동 또는 회생 브레이크라고 한다. 그래서 회생 제동에서는 교류로 입력하고 직류로 출력하는 가변 전압의 전원이 반드시 있어야 하는데 이 전원이 AC · DC 컨버터이다.

01 구동용 모터를 발전기로 사용한다

모터는 발전기로서의 기능도 갖추고 있기 때문에 자동차 모터 구동의 큰 장점이다. 또한 자동차가 감속할 때는 운동 에너지를 감소시켜야 한다. 지금까지는 브레이크 시스템의 마찰에 의해서 운동 에너지를 열에너지로 변환하여 주위에 방출하였기 때문에 에너지의 낭비가 되었다.

그러나 구동용 모터를 발전기로 사용하면 운동 에너지를 전기 에너지로 변환할 수 있기 때문에 이 에너지를 배터리에 저장하면 다시 구동에 사용할 수 있다. 이와 같이 손실로 버려지고 있던 에너지를 회수하여 다시 이용하는 것을 **에너지 회생**이라 하며, 제동할 때 이루어지기 때문에 **회생 제동** 또는 **회생 브레이크**라고 한다. 그래서 회생 제동에서는 **교류로 입력**하고 **직류로 출력**하는 **가변 전압의 전원**이 반드시 있어야 하는데 이 전원이 **AC · DC 컨버터**이다.

또한 배터리의 전력은 구동 이외에 사용되는 경우도 있다. 구동에는 고전압이 필요하기 때문에 배터리도 고전압의 사양으로 되어 있으나 다른 장치에서는 저전압이 필요한 것도 있다. 이때에 사용되는 것이 **직류로 입력**하여 **직류로 출력**하는 가변 전압 전원인 **DC · DC 컨버터**이다.

02 삼상 동기 발전기

영구자석형 동기 모터의 로터가 회전하면 계자 코일 주위의 **자계가 변화**하면서 전자 유도 작용으로 코일에 **유도 전류**가 흐른다. 이것이 동기 발전기가 발전하는 원리이다. 로터가 2극의 영구자석이면 1회전에서 교류 1사이클이 발전된다.

코일이 3개인 삼상 동기 모터라면 코일이 120° 간격으로 배치되어 있어서 각 코일의 위상이 120° 엇갈린 교류, 즉 **삼상 교류**가 발생한다. 이것이 삼상 동기 발전기로서 기능을 하고 있는 상태이다.

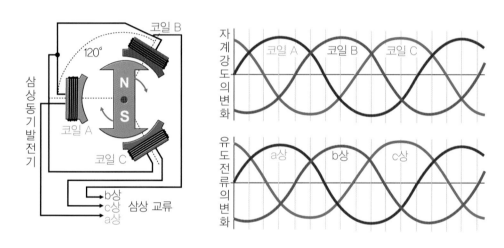

◑ 자계 강도의 변화와 유도 전류의 변화

03 컨버터

교류를 직류로 변환하는 것을 **정류**라 하며, 정류를 실시하는 장치를 **AC·DC 컨버터** 또는 **정류기**라 한다. 단순히 **컨버터**라는 것도 많으며, 정류에는 반도체 소자인 **다이오드**의 **정류 작용**(일정 방향으로만 전류를 흐르도록 하는 작용)을 이용한다.

단상 교류인 경우 4개의 다이오드, 삼상 교류인 경우는 6개의 다이오드로 정류 회로를 구성할 수 있다. 그러나 다이오드만으로는 전압이 변동하는 **맥류**로 변환할 수 없기 때문에 **콘덴서** 및 **코일**에 의한 **평활 회로**에서 변화를 제어하는 것이 많다.

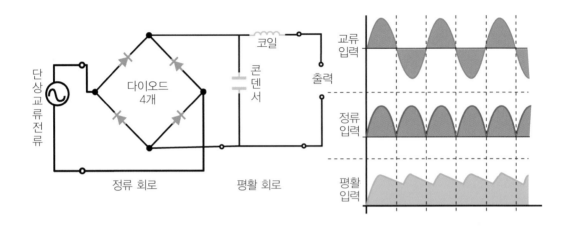

콘덴서는 전압이 높아질 때 충전을 하며, 전압이 낮아지면 방전을 하는 성질이 있기 때문에 전압의 변화를 억제할 수 있다. 코일은 자기 유도 작용에 의해서 전류의 변화를 억제하는 작용이 있기 때문에 전압의 변화를 억제할 수 있다.

◗ 4개의 다이오드 정류 회로

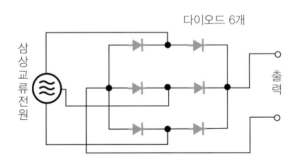

◗ 6개의 다이오드 정류 회로

입력 전압이 일정하고 출력에 요구되는 전압이 일정한 **AC·DC 컨버터**의 경우는 2개의 코일을 조합한 트랜스의 **상호 유도 작용**으로 교류 전압을 변환하고 정류할 수도 있지만 입력 전압이 변동하거나 출력에 요구되는 전압이 변화하는 경우는 반도체의 스위칭 소자에 의한 **초퍼 제어**로 전압을 조정한다. **DC·DC 컨버터**의 경우도 전 압 조정에는 **초퍼 제어**가 사용된다.

전압을 낮추는 경우는 스위치의 ON·OFF를 반복하여 전류의 흐름을 규칙적인 시간 간격으로 단속함으로써 **평균 전압**으로 출력할 수 있는데 이를 **강압 컨버터**라고 한다. 또한 전압을 높일 때는 스위칭 소자에 코일을 병용하다.

코일에 전류를 축적하는 작용이 있기 때문에 스위치가 ON일 때는 코일에 전류가 흐르고 OFF가 되면 코일에 흐르는 전류와 전원의 전류가 동시에 출력되기 때문에 전압이 높아지는데 이를 **승압 컨버터**라고 한다.

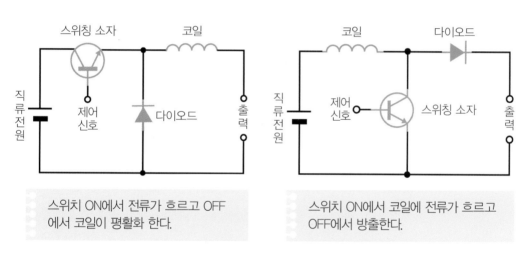

스위치 ON에서 전류가 흐르고 OFF에서 코일이 평활화 한다.

스위치 ON에서 코일에 전류가 흐르고 OFF에서 방출한다.

◑ 강압 및 승압 컨버터의 기본 회로

chapter

12

모터의 특성과 동력전달 장치

모터는 최대 토크에서 시동을 하고 그 토크를 어느 정도의 회전수까지 유지할 수 있는 특성이 있기 때문에 변속기가 필요 없으며, 직접 모터의 회전을 구동 바퀴에 전달해도 문제가 없다. 또한 모터로 엔진을 어시스트하는 하이브리드 자동차의 경우도 엔진과 모터를 연결할 수 있다.

01 동기 모터는 인버터 주파수로 제어하면 특성이 뛰어나다

모터는 시동시의 토크가 가장 크고 회전수가 높아지면 토크가 작아지며, 전류도 적어지는 특성이 있으므로 자동차 및 전철 등의 구동 모터에 적합하다고 설명하는 경우가 많다. 그러나 이 특성에 해당하는 것은 **직류 직권 모터** 및 **영구자석형 직류 정류자 모터**이다. 확실히 이러한 특성이 있어 직류 직권 모터가 전차의 구동 모터로 오랫동안 사용이 되었고 최초의 전기 자동차에도 채택이 되었었다.

현재의 주류인 동기 모터를 **인버터 주파수**로 제어할 경우의 특성은 더욱 뛰어나다. 최대 토크에서 시동을 하고 그 토크를 어느 정도의 회전수까지 유지할 수 있는 특성이 있기 때문에 엔진으로 구동되는 자동차에서는 필수적인 변속기가 필요 없다. 직접 모터의 회전을 구동 바퀴에 전달해도 문제가 없으며, 모터로 엔진을 어시스트하는 하이브리드 자동차의 경우에도 엔진과 모터를 연결할 수 있다.

변속기
변속기 또는 미션이
라고도 부른다.

02 동기 모터의 특성

전기 자동차 및 하이브리드 자동차에서 주파수로 제어되는 **영구자석형 동기 모터**는 일반적으로 아래의 그래프와 같은 특성을 갖추고 있다. 모터는 정격이라는 규격이 있다. 모터는 연속하여 사용하면 발열에 의한 온도 상승으로 코일이 연소되어 손상되는 경우가 있다. 이러한 온도를 비롯한 기계적 강도 및 진동, 효율이라는 면에서 모터에 보장된 사용 한계를 **정격**이라 한다.

최대 토크는 모터에 흐를 수 있는 **정격 전류**로 결정되며, 회전수가 높아지면 출력은 상승하지만 열의 발생이 많아지기 때문에 출력을 제어하기도 한다. 어느 정도 회전수가 되면 회전력이 완만하게 저하되기 시작하는 것은 전원의 한계에 따른것이다.

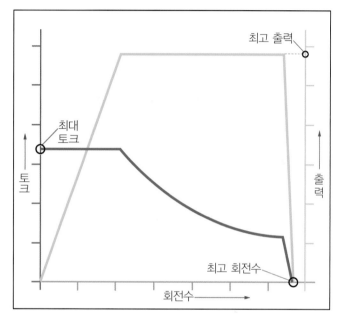

● 영구자석형 동기 모터의 특성

전기 자동차 등의 경우 모터의 전원은 배터리이기 때문에 전지의 출력에 한계가 있어 그 이상의 전력을 방출할 수 없다. 그래서 어떤 회전수 이상에서는 모터의 출력이 일정하게 되고 회전수가 높아지면서 토크는 저하한다.

더욱더 회전수를 높여가면 급격히 회전력이 떨어지면서 회전수는 최고에 이르게 된다. 이 최고 회전수도 배터리의 한계에 의해서 결정될 것이다. 배터리 전압의 상한 이상으로 회전수를 높일 수는 없다.

구동 장치

모터의 특성은 자동차의 구동에 적합하기 때문에 모터의 회전을 구동 바퀴에 직접 전달하여도 문제가 없다. 그러나 모터를 고속회전에서 사용하는 것이 출력을 높일 수 있기 때문에 기어에 의한 감속 기구를 사용할 수도 있지만 단계적으로 변속하는 것은 적다.

또한 1개의 모터로 직접 구동할 경우 커브를 돌 때 좌우의 구동 바퀴에 회전을 분배하는 **차동기어 장치**가 필수적이며, 구동 바퀴에 회전을 전달하는 **구동축**도 필요하다. 또 엔진의 회전방향은 일정하지만 모터는 전기적으로 회전방향을 **역방향**으로도 변환시킬 수 있어 **전진**과 **후진**의 변환 기구가 필요 없다.

삼상 교류로 구동하는 동기 모터의 경우 삼상 교류 중 2개의 상에 대해서 **전류의 입력 순서**를 바꿔주면 **회전 자계**가 역방향으로 회전한다. 인버터로 구동하고 있다면 각 코일에 내보내는 순번을 바꾸면 역회전이 이루어진다.

엔진과 모터의 양측을 모두 구동에 이용하는 하이브리드 자동차의 경우도 양측을 연결하고 모터의 토크를 엔진의 토크에 직접 첨가하는 것이 가능하다. 엔진의 토크가 부족한 영역에서는 **모터**의 **토크를 병용**하면 일반적인 변속기를 사용하지 않는 경우도 있을 수 있다. 이러한 경우 모터를 **전기식 무단 변속기**(전기식 CVT)라고 한다.

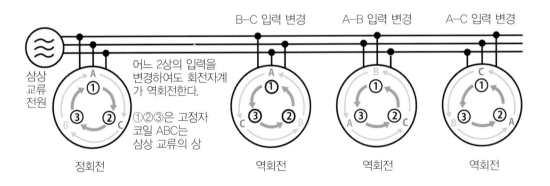

◑ 모터의 정회전과 역회전

04 모터의 효율과 손실

모터는 엔진에 비하면 효율이 매우 높다. 구동 모터의 주류가 되는 **영구자석형 동기 모터**는 효율이 95%에 이르지만 효율이 높다고 해서 손실이 0이라는 것은 아니다. 전기 에너지의 일부가 열에너지로 변환되기 때문에 이 열에 의해서 모터가 과열되면 코일이 연소되는 등의 문제가 발생하며, 또 영구 자석은 고온이 되면 자력이 떨어지는 성질이 있기 때문에 **냉각 장치**가 설치되는 경우가 있다.

냉각 장치는 공기의 흐름에 의해서 냉각하는 **공랭식**과 모터 내부의 액체 냉각액을 통해서 냉각하는 **수랭식**이 있다. 하이브리드 자동차의 경우는 엔진의 냉각 장치로 모터를 냉각하는 것도 있다

그 밖에도 모터의 구동에 꼭 있어야 하는 배터리 및 반도체 소자도 손실에 의해서 발열하며, 과열이 되면 트러블이 발생하기 때문에 이들 장치에도 냉각 장치가 설치되는 경우가 있다.

모터 냉각 장치

배터리 냉각 장치　　　　　컨트롤 유닛 냉각 장치

◑ 모터 구동에 관련된 냉각 장치의 예(하이브리드 자동차 아우디/Q5 Hybrid)

PART
03

배터리의 기초

배터리는 어떻게 전기를 저장할 수 있을까? 모터에 전력을 공급하는 배터리에 대하여 설명을 하고자 한다.

배터리의 충전과 방전이라는 기본으로부터 최신 리튬이온 배터리의 구조와 장점을 소개하며, 배터리 장착과 취급 등 안전 확보에 대한 설명과 각종 배선에 대하여 알아보고자 한다.

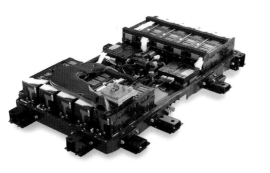

01

납 배터리

내연기관 자동차에도 사용되고 있어 익숙한 것이 납 배터리이다. 전기 자동차에서도 1990년대에 들어서는 한층 더 납 배터리를 탑재하였다. 자동차용 배터리의 기본 중의 기본이라고도 말할 수 있는 납 배터리를 알아보자.

01 배터리의 최소 단위는 1셀이다

> **전해액**
> 전기 분해를 하기 위하여 배터리의 + 극판과 − 극판을 담그는 용액을 말한다.

내연기관 자동차의 엔진룸(일부 자동차는 트렁크 안에)의 끝부분에 탑재된 납 배터리는 수지로 만들어진 흑색 케이스에 넣어져 있다. 그 내부에는 6개의 방으로 나뉘어져 있고 하나의 방마다 **+ 극판**과 **− 극판**이 배치되어 있다. 그 극판의 위쪽으로 돌출부가 있으며, 그곳이 +나 − 전극이 된다.

> **화학반응**
> 두 가지 이상의 물질 사이에 화학 변화가 일어나서 다른 물질로 변화하는 과정을 말한다.

극판은 **묽은황산**의 **전해액**에 잠겨 있으며, 전해액은 극판에 화학반응을 일으키게 한다. 그리고 이 **한 조組의 극판과 묽은황산을 셀**이라고 하며, 배터리의 최소 단위이다. 납 배터리는 6셀이 한 박스가 되며, 1셀에서 2.1V의 전압을 만들어낸다. 내연기관 자동차에 탑재되는 납 배터리를 보통 [12V 배터리] 라고 부르는 것은 2.1V 셀 **6개**가 한 박스 안에 들어있기 때문이다.

02 전극의 금속이 화학 변화됨으로써 충·방전이 이루어진다

> **묽은황산**
> 농도가 낮은 황산(질량 퍼센트 농도가 약 90% 미만)을 희황산 또는 묽은 황산이라고 한다.

납 배터리는 묽은황산의 전해액을 안에 주입함으로써 화학반응을 일으키는데 충전을 함으로써 사용이 가능한 상태가 된다. 납 배터리의 수지제 박스 윗면에는 2개의 전극만이 돌출되어 있지만 속에서는 6개의 셀 전극이 상호 연결되어 있다. 따라서 밖에 나와 있는 전극에 전기를 연결하면 전체가 충전이 된다.

충전이 되면 묽은황산에 의해 황산납으로 되어있던 극판이 다시 **과산화납**으로 되돌아간다. 이것이 충전이 된 상태이다. 그리고 과산화납이 다시 묽은황산에 의해 **황산납**으로 화학 변화를 하면 전자電子가 납의 원자에서 분리되어 전극에서 배선을 통해 이동한다(방전). 이것이 전기가 흘러나오는 원리이다.

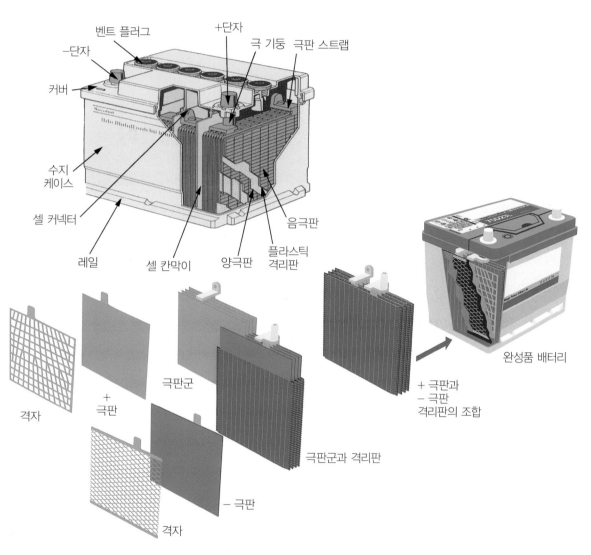

■ 방전 화학식

$$Pb + SO_4^{2-} \rightarrow PbSO_4 + 2e$$
납   황산   황산납 전자

$$PbO_2 + 2H_2SO_4 + Pb \rightarrow$$
과산화납 묽은황산 해면상납

$$PbSO_4 + 2H_2O + PbSO_4$$
황산납   물   황산납

■ 충전 화학식

$$PbSO_4 + 2e \rightarrow Pb + SO_4^{2-}$$
황산납 전자   납   황산

$$PbSO_4 + 2H_2O + PbSO_4 \rightarrow$$
황산납   물   황산납

$$PbO_2 + 2H_2SO_4 + Pb$$
과산화납 묽은황산 해면상납

◑ 납배터리의 구조

리튬이온 배터리

최신 전기 자동차에서 사용되는 것은 리튬이온 배터리이다. 납 배터리와 비교하면 성능이 3~4배 정도 높기 때문에 전기 자동차의 성능 향상이나 배터리의 소형화 등으로 이어진다.

01 화학반응이 아니라 리튬이온의 이동으로 충·방전

리튬
주기율표 1족 2주기에 속하는 알칼리 금속 원소로 원소 기호 Li, 원자량 6.941g/mol, 녹는점 180.54℃, 끓는점 1347℃, 밀도 0.53 g/cm³ 이다. 은백색 연질 금속이지만 나트륨보다 단단하며 고체인 홑 원소 물질 중에서 가장 가볍다. 불꽃 반응에서 빨간색을 나타낸다.

리튬이온 배터리는 전극의 화학 변화가 일어나지 않기 때문에 전기를 만들어내는 방법이 납 배터리와는 다르다. 그러면 어떻게 전기를 만들어낼까?

리튬이온 배터리는 +극에 **리튬을 함유한 금속 화합물**을 사용하고, −극에는 **탄소 재료**를 사용하고 있다. 그리고 +극에 함유된 리튬이 전해질에 의해 이온이 되면서 전자를 −극으로 이동시키며, 동시에 리튬이온은 탄소재료로 이동하여 충전이 된다. 전기를 만들 때에는 탄소 재료 쪽에 있는 리튬이온이 금속 화합물 측으로 이동할 때 전자가 +극 측으로 흘러감으로써 이루어지는 것이다.

금속 화합물 중에 포함된 리튬이 이온이 되어 +와 −극으로 이동함으로써 충전과 방전이 일어나는데 납 배터리와 같이 전해액으로 금속의 물성物性이 변하는 구조가 아니기 때문에 열화劣化가 적은 것이 리튬이온 배터리의 특징 중의 하나이다.

이온
전기적으로 중성인 원자가 전자를 잃으면 + 전하를, 전자를 얻게 되면 − 전하를 가진 이온이 된다.

02 1셀의 전압은 납 배터리의 대략 2배

리튬이온 배터리의 큰 특징 중의 하나는 배터리의 최소 단위인 1셀의 전압 크기이다.

납 배터리에서는 1셀로 **2.1V**의 발전이 일어나지만 **리튬이온 배터리는 1셀로 4.2V**가 가능하다. 납 배터리보다 2배 이상인 것이다. 실제로 전기 자동차에서 사용되는 배터리에서는 3.7~3.8V이지만 그것만으로도 큰 차이이다.

한편, 하이브리드 카에 의해 보급된 **니켈수소 배터리는 1셀에서 1.2V로** 의외로 낮은 수치이다. 전기 자동차를 달리게 하기 위해서는 수백 V라는 고전압이 필요하다. 리튬이온 배터리는 필수불가결하게 되었다.

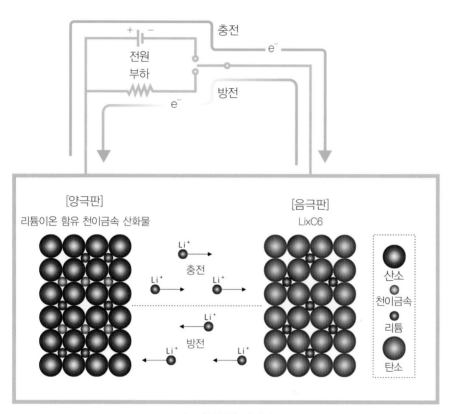

● 리튬이온 배터리

위의 그림과 같이 리튬이온 배터리는 리튬이온이 +극과 −극의 전극 사이를 이동하면서 충전과 방전이 이루어진다. 이것을 **인터컬레이션**Intercalation**형 배터리**라고 말한다. 다른 배터리와 같이 충전과 방전을 할 때 전극이 화학 변화를 함으로써 열화되는 유해한 부작용이 없는 것이 특징이고 장점이다.

또한, 리튬이온의 출입이 가능한 전극이라면 전극 소재를 바꿀 수가 있다. 휴대기기에서는 **코발트산**酸 **리튬**을 +극에 사용하지만 전기 자동차용은 **망간산 리튬**을 사용하고 있다.

+ 극판의 재질
· 코발트산 리튬
 (LiCoO₂)
· 망간산 리튬
 (LiMnO₂)
· 니켈산 리튬
 (LiNiO₂)

리튬이온 배터리의 안전 대책과 관리

리튬이온 배터리가 노트북 컴퓨터나 휴대전화에 보급이 시작되면서 발생한 문제는 이상 발열이나 발화와 같은 사고였다. 그와 같은 일이 전기 자동차에서 일어난다면 큰일이기 때문이다. 그 안전 대책을 찾아보자.

01 전극의 결정結晶구조가 핵심

기본적인 해결책으로서 자동차 메이커가 찾은 안전 대책은 + 극판의 재료로 **망간산 리튬**이라는 금속 화합물을 선택한 것이었다. 일반적으로 노트북 컴퓨터나 휴대전화 등에 보급되어온 리튬이온 배터리의 + 극판은 **코발트산 리튬**이었다. 망간산 리튬과 코발트산 리튬에는 어떤 차이가 있을까?

큰 차이 중의 하나는 각각의 결정 구조가 다르다는 점이다. **망간산 리튬**은 스피넬spinel 구조라고 불리는 결정 구조로 그 모습을 비유하자면 빌딩의 바닥을 기둥으로 지지하는 구조이다. 따라서 상하 바닥 사이의 리튬이온이 전부 나오더라도 결정구조가 무너질 위험성이 적어진다.

반면, **코발트산 리튬**은 **층상 구조**라 불리는 결정구조로 이것은 상하 바닥 사이에 기둥이 없고 리튬이온이 구조의 버팀목이 되기도 한다. 따라서 만일에 모든 리튬이온이 빠져 나가면 결정 구조가 무너지기 쉽다고 말할 수 있다. + 전극의 결정 구조가 무너지면 쇼트가 일어나고, 그것을 계기로 발화될 위험성이 있는 것이다.

> **스피넬 구조**
> 산화물 등에서 볼 수 있는 결정 구조의 하나로 등축 정계에 속하며, 자성이나 전기 전도성 등의 특수한 성질이 있는 것이 많다.

02 충전과 방전의 컴퓨터 관리도 필수

물론 코발트산 리튬에서도 쉽게 화재가 일어나서는 곤란하기 때문에 세심한 주의를 기울여서 충전을 하고, 리튬이온이 결정 구조에서 모두 빠져 나오지 않도록 **컴퓨터**로 충전을 관리한다. 이러한 충전 제어는 망간산 리튬을 사용하는 전기 자동차의 충전에서도 이루어지고 있다.

그리고 1 셀마다 충전 상황을 감시하고 있다. 노트북 컴퓨터나 휴대전화에 비해 훨씬 고전압으로 리튬이온 배터리를 이용하는 전기 자동차이기 때문에 이중삼중의 안전 대책이 취해지는 것은 말할 것도 없다.

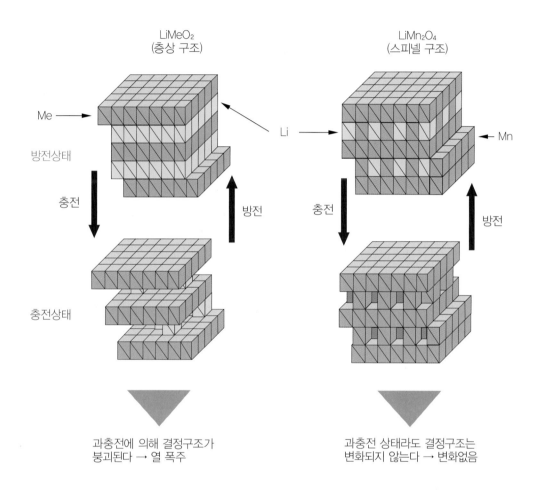

◑ 망간 스피넬 구조

위의 오른쪽 그림과 같은 전극의 금속 화합물이라면 결정 안에서 모든 리튬이온이 빠져 나가더라도 결정 구조를 무너트릴 염려가 없지만 그래도 만일의 경우는 항상 염두에 두어야 한다. 그래서 리튬이온 배터리를 충전할 때는 과충전이 일어나지 않도록 관리하는 것은 전기 자동차에 한정된 것이 아니고 모든 전기기기에 해당되는 것이라 말할 수 있다.

리튬이온 배터리의 제조

고성능인 리튬이온 배터리를 안전하게 사용하도록 잘 개발하는 것 외에도 대량 생산 방법을 구축하는 것 역시 중요하다. 전기 자동차의 판매 대수는 리튬이온 배터리의 생산 수량에 좌우된다고 말할 수 있다.

01 리튬이온 배터리의 생산 수량이 전기 자동차 수량을 좌우한다

전기 자동차의 보급에 있어 간과하기 쉬운 것이 리튬이온 배터리의 대량생산에 관한 것이다. 자동차 메이커가 수립하는 전기 자동차 판매 계획은 소비자가 어느 정도 전기 자동차를 좋아하는지가 아니라, 리튬이온 배터리의 생산수량에 좌우되고 있다. 따라서 신차 모두를 전기 자동차로 하고 싶다고 해서 간단히 할 수 있는 것은 아니다. 그만큼 리튬이온 배터리의 제조에 신경을 곤두세우고 있다. 그리고 오늘날 세계적으로 친환경 정책에 따라 자동차 제조업체는 하이브리드 자동차와 전기 자동차의 생산을 증가시킴에 따라 리튬이온 배터리의 생산과 수요가 크게 증가하고 있다.

02 정밀기계의 생산과 마찬가지로 엄격한 관리가 필요

공장이 공개되지 않는 상황에서 리튬이온 배터리의 제조 공정을 상세히 말하는 것은 어려운 일이다. 그러나 닛산자동차는 리튬이온 배터리의 생산 초기 행정을 공개하였다. 이를 통해 리튬이온 배터리의 제조가 얼마나 어려운지를 추측해 볼 수 있다.

리튬이온 배터리의 제조 현장에서는 극도로 수분의 침입을 금한다. 그래서 제조 현장은 이슬점露点 온도가 −30℃ 이하의 건조한 방으로 해야 할 필요가 있다고 한다. 이슬점 온도 −30℃의 의미는 기온이 −30℃로 내려갈 때까지 결로結露하지 않을 정도의 건조한 공기를 넣고 이 방에 사람이 1시간 이상은 머무를 수 없다고 여길 정도의 건조 상태이다.

> **결로**
> 수분을 포함한 대기의 온도가 이슬점 이하로 떨어져 대기가 함유하고 있던 수분이 물체 표면에서 물방울로 맺히는 현상이다.

> **이슬점**
> 수분을 함유한 공기 또는 기체를 냉각하면 어떤 온도에서 수증기가 포화 증기압에 도달하여 이슬이 맺히는데 이때의 온도를 말한다.

수분이 무척 감소하기 때문이다. 그리고 눈에 보이지 않는 작은 불순물이
제조 중에 들어가게 되면, 그것이 원인이 되어 쇼트를 일으킬 염려도 있으므
로 제조 현장은 방진防塵대책을 비롯해, 자동화로 제조하도록 해야 대량 생산
을 할 수가 있다.

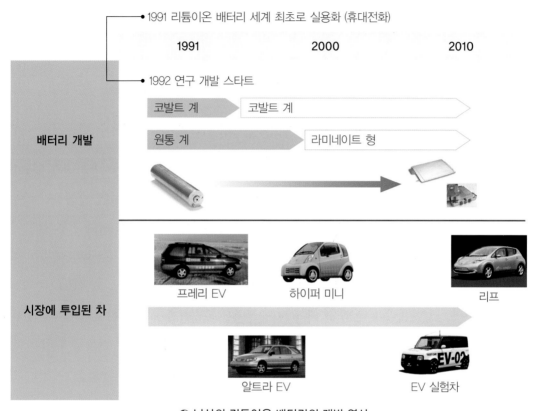

● 닛산의 리튬이온 배터리의 개발 역사

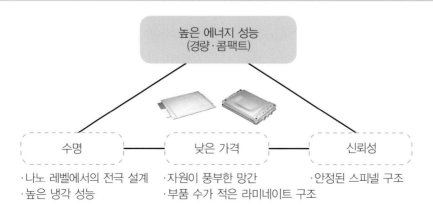

● 종합 성능이 뛰어난 닛산의 리튬이온 배터리

05

배터리 탑재 장소

전기 자동차에 탑재되는 배터리는 어느 종류의 배터리를 사용하더라도, 무겁고 커서 장소를 차지한다. 이 정도로 대규모의 자동차 부품은 없다. 어디에 탑재시킬 것인가 하는 것은 중요한 개발 과제의 하나이다.

01 배터리는 가솔린보다 몇 배나 무겁다

전기 자동차에서 필요로 하는 배터리의 크기는 자동차 바닥 면적 정도이다. 그 무게는 **200~300kg**에 달할 것이다. 이것은 내연기관 자동차의 가솔린 탱크에 비할 바가 아니다. 소형차의 가솔린 탱크는 50리터 전후이다. 이것에 가솔린을 가득 채우더라도 무게는 35kg 정도이다 (가솔린 비중이 약 0.7로 환산).

> **조종성 · 안정성**
> 조종성은 조향 핸들 조작을 할 때 운전자의 의사대로 자동차가 움직이는가의 성능을 말하며, 안정성은 주행하고 있는 자동차 이외에서 힘이 작용했을 때 그 때까지의 운동이 얼마만큼 유지되는가의 성능을 말한다.

가솔린에 비해 몇 배나 크고 무거운 배터리를 차체의 어느 곳에 배치하는가에 따라 전기 자동차의 조종 안정성이나 **승차감**에도 큰 영향을 미친다. 배터리가 그 정도로 크고 무겁기 때문에 차체의 아무 곳에나 놓을 수 있는 것은 아니다. 결론부터 말하자면 **바닥에 납작하게 배열**할 수밖에 없다.

02 바닥에 배치함으로써 장점이 생긴다

바닥에 납작하게 배치한다고 해도 종전의 납 배터리를 사용하는 경우에는 판매되는 납 배터리 박스의 크기가 정해져 있기 때문에 어떻게 해도 바닥이 높아질 수밖에 없다. 바닥이 20~30cm나 올라가면 이른바 구부린 자세를 취하는 모습으로 좌석에 앉게 된다. 그래서 납 배터리 밖에 사용할 수 없던 시대에는 엔진 룸이나 트렁크 룸으로 나누어서 탑재하거나 실내의 좌우 좌석 사이에 놓거나 하는 방법도 적용되었다.

리튬이온 배터리가 등장하면서 그 고성능 자체로도 평판이 좋았지만 고성능인 점을 이용해 배터리의 소형화도 가능하게 되었다.

작을수록 높이를 낮출 수 있어 바닥에 배치하더라도 실내 바닥이 높아지는 것을 막을 수 있다. 바닥에 배터리를 배치하는 또 하나의 장점은 차체의 중심이 낮아지는 것이다. 이로써 전기 자동차는 주행 중의 안정성이나 승차감이 높아진다.

◗ 닛산 [리프]의 투시도

◗ 차체의 바닥 아래에 탑재하도록 만들어진 배터리 케이스

배터리 수량과 전압

가정에서 사용하는 전기는 220V이지만 전기 자동차에서는 그 몇 배의 전압을 필요로 하기 때문에 100셀 전후의 배터리를 탑재 시켜야 한다. 노트북 컴퓨터용 리튬이온 배터리를 사용하는 컨버트형 EV에는 수천 개가 집적되어 있다.

01 약 100셀을 직렬로 결합

자동차 메이커가 전기 자동차용으로 개발한 리튬이온 배터리는 **1셀이 3.7V**의 성능을 갖고 있다. 그것을 차례로 **직렬로 연결하면 300V** 정도의 전압이 발생된다. 예를 들면 미쓰비시 자동차의 i-MiEV인 경우 **88셀**의 배터리를 사용하여 **330V**의 전압을 얻고 있다.

닛산 리프는 i-MiEV의 박스 모양과 다르게 레토르트 팩과 같이 라미네이트로 된 배터리 셀의 형상을 개발하고 4매의 배터리 셀을 한 조로 **48조**의 배터리 모듈을 설치하여 합계 **192셀**에 의해 총 전압 **360V**를 얻고 있다. 그만큼 고전압이 아니면 차량 중량이 1톤 이상인 전기 자동차를 100km/h와 같은 고속으로 달리게 할 수가 없다.

02 범용 리튬이온 배터리로는 몇천 개나 탑재

자동차 메이커 이외의 회사에서 제작된 컨버트형 EV와 같이 전기 자동차용으로 개발된 리튬이온 배터리가 입수되기 어려운 경우는 노트북 컴퓨터 등에서 사용되고 있는 가정 전화電化 제품용의 범용 리튬이온 배터리를 탑재하게 된다. 예를 들면 미국의 테슬라 모터스의 테슬라 로드스터라는 스포츠카에서는 그 범용 리튬이온 배터리를 6831개나 사용한다. 일본 EV 클럽이 제작한 미라 EV는 리튬이온 배터리를 8320개 탑재하여 240V를 얻고 있다.

전화
열, 빛 동력 등을 얻기 위해 전력을 이용하는 것을 말한다.

이와 같이 배터리의 셀 수를 늘리면 고전압이 얻어지지만 배터리는 1셀마다 충전이나 방전 상황이 다르기 때문에 각각의 셀 관리는 수가 많아질수록 힘들어진다.

◑ 미쓰비시 [i-MIEV]에 사용되는 배터리 (1셀)

◑ 모듈로서 탑재한 예

◑ 닛산 [리프]의 배터리 (좌)와 배터리 모듈 (우)

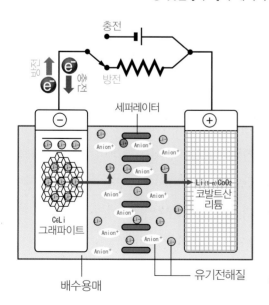

에너지 밀도로 비교하면 니켈수소 배터리의 배 가까운 고성능을 자랑하며 납 배터리와 비교하면 3배를 넘는 성능을 자랑한다. 자기 방전이 적어 메모리 효과가 없는것도 특징이다. 과충전, 과방전의 약하며, 저온 특성도 나쁘다.

◐ 리튬 이온 배터리의 원리

배터리 케이스

매우 많은 리튬이온 배터리를 자동차에 탑재하는 전기 자동차는 주행 중 진동이나 중력 가속도(G), 또는 만일의 충돌 사고에서도 배터리가 움직이거나 튀어나가지 않도록 튼튼한 배터리 케이스에 넣어져 있어야 한다.

01 자동차 부품은 주행 중 과격한 진동에 노출된다

배터리에만 해당되는 것은 아니지만 자동차 부품은 가혹한 조건에 노출되어 있다. 지금은 비포장도로가 적지만 차도와 보도의 단차를 타고 넘는 경우 진동이 일어난기도 한다. 또 포장도로에서도 기복이나 노면의 이음매 등에서 차체는 진동을 받을 수 있다.

자동차의 가·감속에서는 앞이나 뒤로 끌어당겨지거나 밀리는 힘이 가해지며, 커브에서도 옆으로 이동시키려는 힘이 작용한다. 그리고 만일 충돌하게 되면 강한 충격이 가해진다. 어떠한 경우에도 배터리가 움직이거나 서로 부딪치거나 깨지거나 손상되지 않도록 전기 자동차에서는 튼튼한 금속 케이스에 넣어져 있다. 이것을 탑재시킬 때 바닥의 구조에 단단히 고정시키면 보강의 역할도 담당하며, 차체의 강함을 나타내는 강성剛性을 높여준다.

가속도(G)
가·감속이나 커브 등에서 물체가 나아가려는 힘

강성
물체의 단단한 성질을 말한다.

02 리튬이온 배터리의 발열 대책

휴대전화나 디지털 카메라 등에서도 급속 충전을 하면 배터리의 온도가 올라가는 것을 경험했을 것이다. 이와 같이 리튬이온 배터리는 사용과정에서 열이 발생한다. 너무 가열되면 성능이 떨어질 뿐만 아니라 극단적인 경우 부풀어 오르거나 파열되기도 하며 문제를 일으킨다.

그래서 배터리가 항상 좋은 상태로 충전이나 방전이 될 수 있도록 온도를 관리하는 것이 필요하다.

이를 위하여 배터리 케이스 내에 공기의 통로를 만들어 그곳으로 바람을 통하게 하여 배터리를 냉각시키는 기능도 배터리 케이스에는 설치되어 있다.

배터리를 넣는 것뿐만 아니라 차체를 보강하고 냉각기능을 구비하는 등 배터리 케이스는 그 하나로 몇 가지의 역할을 담당하고 있다.

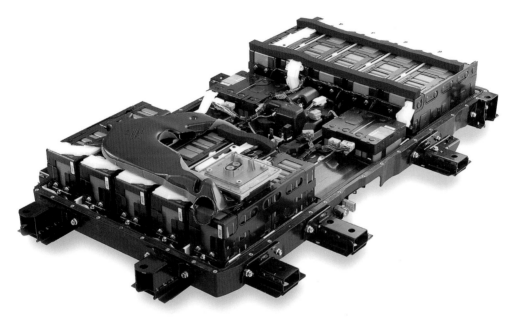

◑ 배터리 케이스의 안쪽

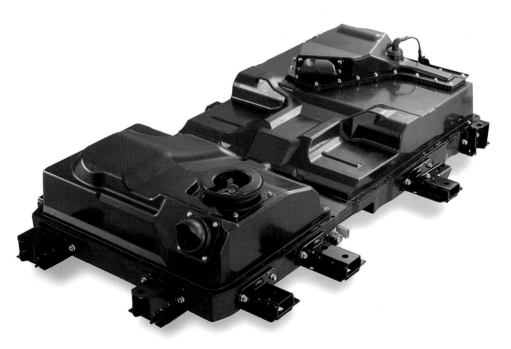

◑ 배터리 케이스

배선配線

전기 자동차는 전기로 움직이기 때문에 배선이 모든 부품과 관계를 맺고 있다. 그리고 전기를 통하게 하는 것뿐만 아니라 부품 상호간의 정보를 전달하는 통신 기능도 중요성을 띄고 있다.

01 종횡무진으로 달리는 배선

전기 자동차의 에너지 저장소인 구동용 **리튬이온 배터리**로부터 전기는 **인버터**를 통해 **모터**로 전달된다. 가정 등에서 전기 자동차에 충전을 할 때도 충전기와 인버터 역시 배선으로 연결되어 있어 충전용 커넥터로부터 충전기로의 **배선**도 필요하다.

한편, 급속 충전의 경우는 외부 시설의 급속 충전기로부터 직접 구동용 리튬이온 배터리로 충전되므로 탑재된 충전기는 사용하지 않는다. 별도 경로의 배선이 있기 때문이다.

자동차의 전장품, 예를 들면 라이트 관련이나 와이퍼 등은 내연기관 자동차와 마찬가지로 12V의 전압으로 작동하므로 12V의 납 배터리도 전기 자동차에 탑재되어 있다. 내연기관 자동차라면 발전기로 12V 배터리를 충전하지만 전기 자동차에서는 구동용 리튬이온 배터리의 전압 330V에서 12V로 강압시켜 납 배터리에 충전용의 전기를 공급하고 있다.

02 부품 상호간의 정보는 고속 통신으로 연결

전기 자동차에서는 전기의 취급을 항상 컴퓨터로 감시하며 관리하고 있다. 가령 리튬이온 배터리에서는 셀 각각의 충전과 방전 정보를 확실하게 파악하지 않으면 충전의 편차가 발생하여 주행 거리에 영향을 준다.

또한, 운전자의 액셀러레이터 페달 조작에 대해서도 어느 정도의 전기를 모터로 공급할 것인지 인버터에서 조절하지만, 배터리의 충전 상황이나 에어컨

주행 거리
자동차의 교통수단이 일정한 속도로 움직여 갈 수 있는 전체 거리를 말한다.

의 사용 상황 등에 따라서 모터로 흐르는 전기의 양을 가감하여야 할 경우도
있다. 그래서 배터리와 모터, 에어컨과 운전자의 운전 조건 정보 등을 서로
연결하는 통신이 필요한 것이며, **고속 통신**이 가능한 **CAN**Controller Area Network을
사용한다.

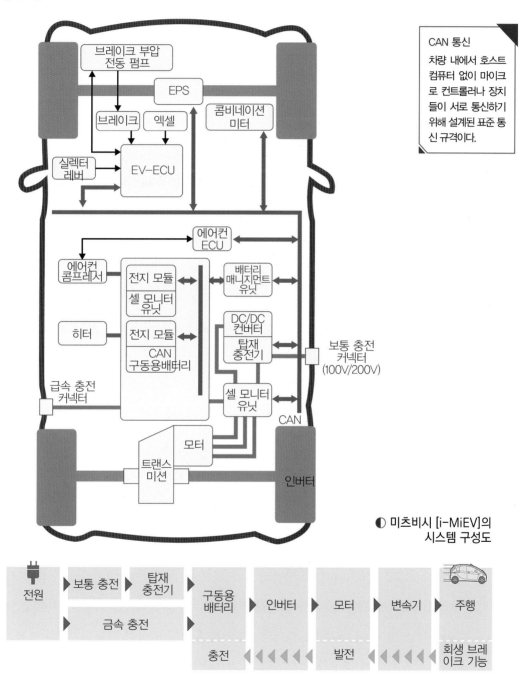

> **CAN 통신**
> 차량 내에서 호스트
> 컴퓨터 없이 마이크
> 로 컨트롤러나 장치
> 들이 서로 통신하기
> 위해 설계된 표준 통
> 신 규격이다.

◑ 미츠비시 [i-MiEV]의
시스템 구성도

EV를 달리게 하기 위한 모든 기능이 전기에 기인하고 있으며 또 그 기기가 통신으로 서로 이어져 있
고 밀접한 관계에 있다는 것을 이 배선도에서 알 수 있다.

chapter

09

연료 전지

연료 전지는 충전해서 사용하는 배터리와는 다른 이른바 발전 장치이다. 연료 전지 자동차는 배터리 대신에 연료 전지로 전기를 얻는 다른 방식의 전기 자동차이다.

01 충전이 아니라 수소로 발전

연료 전지에서 연료라고 하면 가솔린 등을 떠올리고, 전지라고 하면 건전지나 배터리를 생각할 것이다. 연료 전지를 영어로 말하면 Fuel Cell이 된다. 셀은 납 배터리에서 배터리의 최소 단위라고 설명하였다. 1셀 속에서 금속의 전극이 전해질에 의해 반응하고 전기가 흐르기 때문에 화학 반응에 의해 발전發電하고 있다고도 말할 수 있다. 연료 전지는 셀 속에서 **수소와 산소의 화합 반응**을 이용하고 전기를 만들어 낸다. 수소라는 연료를 사용하여 발전하는 장치라고 기억해두자.

02 물만 배출하는 클린 발전

연료 전지의 1셀 속에는 배터리와 마찬가지로 **2개의 전극**과 **이온 교환 막**이 배치되어 있으며, 전극은 **백금**으로 도금이 되어있다. −극 쪽에 수소를 흐르게 하고 +극 쪽에 공기를 통하게 하면 −극 쪽의 수소가 백금의 **촉매작용**에 의하여 전자電子를 방출한다.

그 전자가 전선을 통해서 +극 쪽으로 이동함에 따라 +에서 − 방향으로 전기가 흐른다. 전자를 방출한 수소는 성질이 변하면서 +를 띤 수소이온이 되며, 이온 교환 막을 빠져나가 +극 쪽, 즉 공기 쪽으로 이동한다. 그곳에서 −극 쪽에서 일단 분리되어 온 전자와 만나게 되는데 이때 그곳에 있는 산소(공기)와 화합하여 물이 된다.

캐소드(Cathode)
전극 중 전류가 흘러 나오는 쪽의 전극

애노드(Anode)
전류가 흘러 들어가는 쪽의 전극

　　이러한 일련의 작용이 연료 전지에서 발전되는 원리이다. 발전된 결과 밖으로 나가는 것은 물 뿐이므로 유해물질을 함유하지 않는 점에서 클린하여 환경 부하가 없는 발전 방법으로서 자동차뿐만 아니라 주택용으로도 개발이 진행되고 있다.

◑ 연료 전지 자동차[현대 투싼 iX]

◑ 연료 전지 버스[현대 일렉시티]

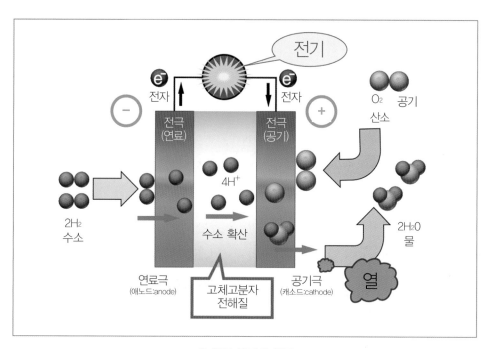

◑ 연료 전지의 원리

PART 04

인버터와
충전기의 기초

배터리에 충전된 전기를 어떻게 모터로 공급하여 전기 자동차를 가속시킬까? 그리고 주행 후에 충전 등 전기 자동차를 달리게 하기 위한 제어와 충전에 대하여 알아보자.

한편 충전을 위한 전력 확보가 사회적으로 중요한 과제가 되고 있다. 배출가스가 제로라고 하는 전기 자동차이긴 하지만 충전에 사용되는 전기가 CO_2를 배출하면서 발전된다면 전기 자동차를 보급시키는 의미가 줄어든다. 원자력 발전을 포함하여 발전의 현주소를 알아본다.

01

인버터

리튬이온 배터리를 충전할 때 사용되는 전기는 직류이다. 그러나 전기 자동차용 모터에서 사용하는 전기는 교류이다. 따라서 배터리에서 나오는 직류를 교류로 변환시켜 모터로 전기를 흐르게 할 때 변환 작업을 하는 장치가 인버터(inverter)이다.

01 인버터의 작용

인버터는 직류를 교류로 바꾸기 위한 전기적 장치로써 적절한 변환 방법이나 스위칭 소자 및 제어 회로를 통하여 원하는 전압과 주파수를 얻어내는 기능을 가지고 있다.

인버터를 말 그대로 해석하면 [변환장치]라는 뜻으로서 넓은 의미에서는 **직류에서 교류로 변환을 실행**하는 기능 외에 교류에서 직류로 변환하는 장치도 인버터라 부를 수 있지만 후자는 일반적으로 **컨버터** 또는 **어댑터**라고 부른다.

인버터란 단어가 최초로 소비자에게 알려진 것은 1982년 세계 최초로 도시바가 상품화한 가정용의 인버터 에어컨일 것이다. 그때까지 공조기라고 하면 냉방과 난방으로 그 기능이 나뉘어져 있었다. 그러나 인버터 에어컨이 등장함에 따라 냉난방의 두 가지 기능을 함께 겸비한 공조기가 탄생하게된 것이다.

그 인버터 에어컨은 반도체소자나 마이크로컴퓨터에 의해 전기의 주파수를 변화시킴으로써 냉방이나 난방의 온·오프 기능이 아니라 설정온도에 맞추어 자동으로 온도가 조절되는 것이 가능하게 되었다.

> **트랜지스터**
> 게르마늄, 규소 등의 반도체를 이용하여 전자 신호 및 전력을 증폭하거나 스위칭 하는데 사용되는 반도체 소자

02 인버터에서 직류를 교류로

전기 자동차의 인버터에서는 짧은 시간에 직류 전기를 흐르게 하거나 차단하는 것을 반복하면서 **교류 파형**으로 만들어 나간다.

흐르게 하거나 차단하는 정도를 변화시킴으로써 전기를 많이 흐르게 하거나 조금도 흐르지 않게 함으로써 전기가 파형을 그리며 교류가 되는 것이다.

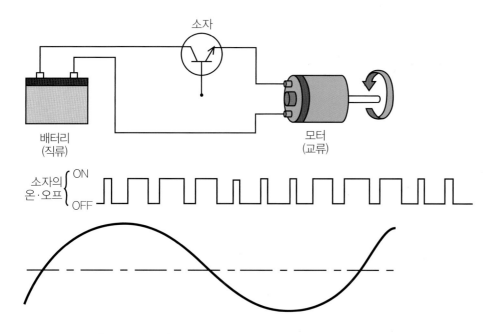

소자

배터리
(직류)

모터
(교류)

소자의
온·오프 { ON / OFF

소자의 ON·OFF 변환에 길고 짧음을 뒤섞어서 실행함으로써 배터리의 직류로부터 교류 파형의 전류를 만든다.

◗ 직류와 교류의 변환

　배터리로부터의 전기를 사용하여 교류 모터를 가동시키기 위해서는 이와 같이 전류를 변환시키는 방법이 필요하다.

　직류 모터라면 출력 조정만의 간단한 제어로 움직일 수 있다. 컨버트 EV에서 직류 모터가 많이 이용되고 있는 것은 그 때문이다. 그러나 시간을 들여서도 제어를 조정함으로써 교류 모터인 경우는 효율이 보다 높아지며, 그 외에도 회생을 이용하는 것이 가능해진다.

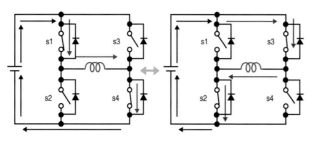

◗ 인버터의 기본 회로

인버터를 구성하는 가장 기본적인 회로로서 좌우의 그림을 비교하면 대각으로 배치한 스위치를 ON으로 하는 2가지 패턴에 따라 중앙의 코일에 흐르는 전류의 방향이 바뀌게 되는 것을 알 수 있다. 스위치에 병렬로 배치되는 다이오드는 스위치를 OFF시킨 후에 역기전력의 전류를 회로 내에 환류(흐름이 되돌아옴) 되도록 유도하여 스위치(트랜지스터)를 보호하기 위한 것으로 프리 휠 다이오드라고 한다.

출력 조정

전기 자동차에서 인버터의 작용은 단지 직류에서 교류로의 변환뿐만 아니라 모터의 회전수를 제어하는 전기량의 조절도 가능하여 운전자의 액셀러레이터 페달의 조작을 모터의 회전수에 반영하는 기능을 한다.

01 인버터로 출력 조정

직류와 교류의 변환에서 가정용 인버터 에어컨의 예로 들어 설명하였는데 가정용의 전기는 전신주에서 끌어 오는 교류이다. 그 교류의 **주파수**를 변화시킴으로써 에어컨을 움직이는 컴프레서의 회전수를 바꾸고 설정 온도를 유지하도록 컴프레서의 회전수를 적절히 높였다 내렸다하는 것이다.

이와 같은 것은 전기 자동차를 달리게 하기 위한 인버터에서도 할 수 있다. 우선 변환장치로서 배터리로부터의 직류를 교류로 바꾼 다음 파형을 한 교류의 주파수를 변화시킴으로써 모터 회전수를 높였다 내렸다 할 수 있다.

주파수는 **헤르츠**(Hz)라는 단위로 표시되지만 그 주파수는 교류 파형의 속도와 파형의 길이에 따라 변한다. 파형의 길이가 짧고 파형의 속도가 빠를수록 주파수는 커지며, 모터 회전수도 높아진다.

파형의 길이가 짧고 파형의 속도가 빠른 전기란 짧은 시간에 많은 전기를 흐르게 하는 것을 의미한다. 앞에서 **반도체 소자**를 사용하여 전기를 흐르게 하거나 차단 한다고 설명 하였는데 그 전기를 흐르게 할 때에는 한꺼번에 많은 전기를 흐르게 하다가 그것을 재빨리 멈추고 또 그다음 한꺼번에 많은 전기를 흐르게 하는 것을 반복하여 주파수를 높이는 것이다.

02 전류와 전압을 교묘하게 조절하여 사용

그러면 전기를 많이 흐르게 하기 위해서는 어떻게 하면 좋을까?

전력(W)은 전류(A) × 전압(V)의 관계에 있다. 많은 전기를 흐르게 하기 위해

> **주파수**
> 주파수는 교류 파형에서 +파형과 −파형이 각각 1개씩 끝난 상태를 1주파 또는 1사이클이라 하며, 1초 동안에 포함되는 사이클 수를 말한다. 주파수의 기호는 Hz(Hertz)를 사용하며, 일반 가정용의 전기는 1초 동안에 이 변화를 60회 반복하여 +와 −쪽에 각각 60개의 파형을 그리므로 주파수는 60 또는 60Hz라 한다.

서는 두 가지 방법이 있는데 하나는 **전류를 많게 하는 것**, 다른 하나는 **전압을 높게 하는 것**이다. 물론 양쪽을 동시에 크게 하는 방법도 있다. 인버터는 **전류**와 **전압**의 **조절**을 실행함으로써 주파수를 변화시켜 모터 회전수를 높이거나 내린다.

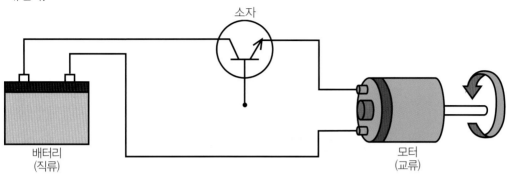

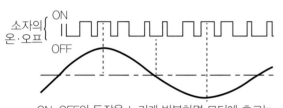

ON·OFF의 동작을 느리게 반복하면 모터에 흐르는
전류는 적어진다.
속도가 빠르지 않고 천천히 달린다.

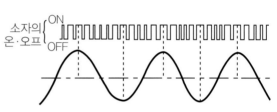

ON·OFF의 동작을 빠르게 반복하면 모터에 흐르는
전류는 많아진다.
결국 속도가 빨라진다.

◑ 출력 조정

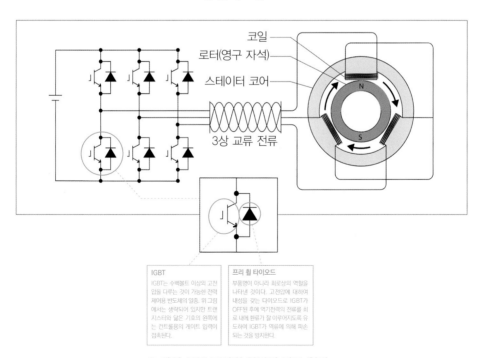

◑ 삼상 교류 모터의 인버터 작동 원리

충전

전기 자동차의 구동용 배터리를 충전하는 방법으로는 두 가지가 있다. 하나는 충전기를 사용하여 충전하는 방법이고 다른 하나는 회생을 사용하는 방법이다.

01 충전기를 통한 충전

전기 자동차에는 배터리를 충전하기 위한 **충전기가 탑재**되어 있으며, 그 충전기에서 차체로 배선을 배치하여 **접촉식의 커넥터**가 설치되어 있다. 커넥터를 가정 등 외부 건물에서 220V 교류를 이끄는 케이블 앞쪽 끝에 부착된 권총 손잡이Gun Grip 모양의 플러그를 접촉시켜 꽂으면 충전이 자동적으로 시작된다.

케이블 반대쪽의 플러그를 어댑터로 교환하면 220V 외부 전원으로부터 110V로의 충전도 가능하다. **급속 충전기**를 사용할 때는 충전 설비가 급속 충전 쪽에 설정되어 있기 때문에 220V 보통 충전기처럼 자동차에 별도의 급속 충전기는 탑재하지 않는다.

어느 쪽이나 마찬가지로 충전을 위한 전기가 흐르는 것뿐만 아니라 전기 자동차의 구동용 배터리에 어느 정도의 전기가 남아 있는지 또 충전하는 중에 어느 정도 전기가 축적되어 가는지 등의 정보를 충전기와의 사이에서 교신하면서 충전이 이루어진다. 이 정보를 기초로 풀 충전이 되면 충전기는 자동적으로 정지한다.

교신
우편, 전신, 전화 따위로 정보나 의견을 주고받는걸 말한다.

02 회생을 사용한 충전

또 다른 하나의 **충전방법**은 **회생**이다. 자동차가 감속할 때에 모터가 발전기로 바뀌면서 **타이어의 회전**에 의해 **발전기가 회전되어 발전하면서 출력**되는 전기를 구동용 배터리로 보내 충전한다. 이때 발전기에서 발전된 전기는 교류이기 때문에 인버터에서 직류로 변환시킨 뒤에 구동용 배터리로 보내 충전시킨다.

그리고 구동용 배터리가 거의 풀 충전인 경우에는 회생하더라도 충전이 이루어지지 않는다. 회생에 의해 발전된 전기를 충전에 사용할지 아닐지는 배터리를 감시하는 컴퓨터가 판단한다.

◑ 가정에서 충전 중인 전기 자동차

◑ 권총 손잡이형 플러그를 차체의 커넥터에 접속

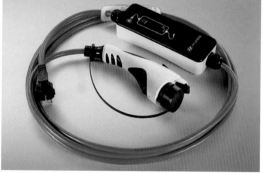
◑ 완속 케이블(좌)과 200V 휴대용 충전 케이블(우)

컨버터

가정 등 외부 건물에서 충전에 이용하는 전기나 전기 자동차의 모터가 발전기로 바뀌어서 발전되어 출력되는 전기는 어느 쪽이나 모두 교류이다. 그것을 충전에 이용하려면 직류로 바꿔야만 구동용 배터리에 충전시킬 수 있다.

01 교류에서 직류도 인버터로

교류에서 직류로 변환하는 것도 **인버터**가 하는 기능이나 일반적으로 **컨버터**로 명칭을 사용한다. 우선 파형을 가진 전기의 + 또는 − 중 어느 한쪽의 전기만 흐르도록 **반도체 소자**를 사용하여 파형의 한쪽만을 남기도록 한다. 그 결과 일시적으로 전기를 모아 두는 것이 가능한 **콘덴서**를 사용하여 전기를 많이 흐르게 하거나 조금밖에 흐르지 않게 하면서 산 모양의 한 파형을 평탄하게 만든다. 이렇게 해서 전기의 흐름이 직선적으로 이루어져 직류 전기의 흐름이 되는 것이다.

같은 전기를 모으는 방법에서도 배터리와 콘덴서는 분야가 다르다. 교류를 직류로 변환할 때에 사용하는 **콘덴서**는 짧은 시간에 전기를 입·출력시키는 것이 강점이다. 한편 대량의 전기를 긴 시간 모아두는 것은 **배터리**가 하는 일이 된다.

02 콘덴서도 전기를 저장해 둘 수 있다

배터리와 콘덴서는 전기를 저장하는 방법이 다르다. **배터리는 화학 반응에** 의해 전극 금속의 전자 교환을 이용함으로써 전기의 저장을 가능하게 한다. 납 배터리나 리튬이온 배터리에서는 약간 다르지만 전극 사이를 전자가 이동하는 점에서는 같다고 말할 수 있다.

콘덴서는 전기 그대로를 에너지로서 **일시적으로 저장**해 두는 장치이다. 이렇기 때문에 전기의 입·출력, 즉 방전과 충전을 빈번하게 반복하기 위해서는 콘덴서가 적합하다. 배터리는 화학 반응을 이용하므로 약간의 시간차가 생기기 때문이다.

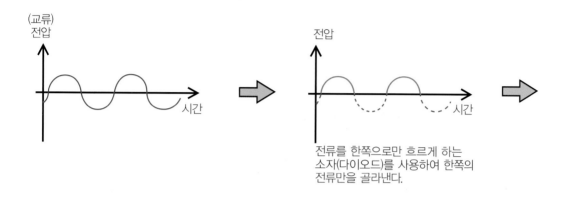

전류를 한쪽으로만 흐르게 하는 소자(다이오드)를 사용하여 한쪽의 전류만을 골라낸다.

한쪽으로만 전류를 흐르게 하는 소자(다이오드)의 기호. 왼쪽에서 오른쪽으로만 흐르게 하고 오른쪽에서 왼쪽으로는 흐르지 못하게 한다.

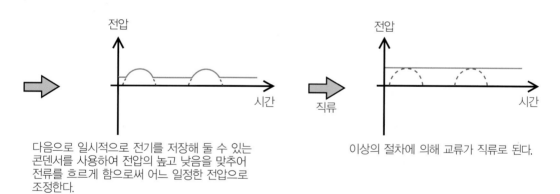

다음으로 일시적으로 전기를 저장해 둘 수 있는 콘덴서를 사용하여 전압의 높고 낮음을 맞추어 전류를 흐르게 함으로써 어느 일정한 전압으로 조정한다.

이상의 절차에 의해 교류가 직류로 된다.

◗ 교류와 직류의 변환

비접촉식 전자電磁 유도

충전을 할 때 커넥터에 플러그를 꽂지만 커넥터나 플러그도 금속끼리의 접촉이기 때문에 감전의 불안이 없지는 않다. 그리고 충전 케이블의 처리도 만만치 않다.
그런 불안이나 수고를 없앤 것이 비접촉식의 전자 유도에 의한 충전이다.

01 충전 케이블의 취급

자동차 메이커가 판매하는 전기 자동차를 충전하는데 있어서 현실적으로 감전의 가능성은 없다. 안전대책이 충분히 강구되어 있고 이른바 비雨 속에서 충전을 하는 경우라도 감전의 염려가 없도록 하고 있다. 그러나 충전 케이블의 길이가 5m 이상이나 되고 충전할 때마다 꺼내고 집어넣어야 한다.

그리고 지면에 닿은 충전 케이블이 오염되었을 경우는 그것을 감아서 수납할 때 손이 더러워지기도 한다. 이러한 수고를 줄이려고 개발한 것이 **비접촉식 전자 유도**를 사용한 **충전 방법**이다.

02 보다 간편하게 충전할 수 있는 방법

전자 유도는 두 개의 코일을 가깝게 하여 자기磁氣의 영향에 의해 전기가 전해지는 원리이다. 예를 들면 전동 칫솔이나 전동 면도기 등의 충전 방법으로 이미 실용화되어 있기도 하다. 이것들은 세면대 등 물을 다루는 장소에서 사용하는 가정용 전자 제품이므로 보다 안전성을 생각하여 비접촉식의 충전을 채택하여 사용하고 있는 것이다.

이 비접촉식 전자 유도를 사용한 전기 자동차의 충전방법은 1990년대에 미국 캘리포니아 주에서 공표된 ZEV법에 대처하기 위하여 세계의 대기업 자동차 메이커들이 전기 자동차의 개발에 나섰을 때 이미 실용 단계까지 개발이 진행되어 있었다. 일본의 자동차 메이커로서는 닛산이, 미국에서는 GM이 적용하고 있었다.

접촉식과 마찬가지로 차체의 커넥터에 전자 유도 코일을 장착하는 방법에 머물지 않고 이 방법을 사용한다면 주차장 바닥에 설치한 코일과 전기 자동차 바닥 아래의 코일을 마주보게 한 뒤 전기를 흐르게 하여 충전하는 것도 가능하며, 충전 케이블을 차체에 연결할 필요도 없다.

◑ 비접촉식 전자유도에 의한 충전 모습

◑ 비접촉 충전의 구조

■ 비접촉 충전 시스템(Wireless Charging System)

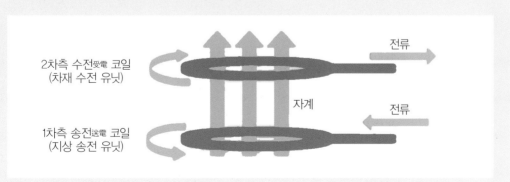

지상 측의 코일에 전류가 흐르면 코일에서 자계가 발생한다. 그 자계가 차량 측의 코일을 통과하여 차량 측 코일에 전류가 흐르게 되어 충전할 수 있는 구조이다.

태양광 발전

태양으로부터 지구로 도달하는 에너지는 1초에 42조 킬로칼로리라고 한다. 이것을 100% 활용할 수 있다면 세계에서 소비하는 에너지를 1시간에 조달할 수 있다고 한다. 이것은 바람의 에너지의 약 480배나 큰 것이다.

01 태양은 거대한 에너지원

태양의 에너지를 전력으로 비유하여 환산하면 1m²에 1kW의 전력을 공급할 수 있다고 한다. 전기스토브가 400W 또는 800W인 것에 감안하면 약 1대분에 해당하는 전기를 1m²의 태양 에너지로부터 조달할 수 있다는 계산이 나온다.

그리고 태양이 존재하는 한 그 에너지는 불멸하며, 물론 무해하고 환경에 부담을 주지 않는 이상적인 에너지원이기도 하다. 태양 에너지를 어떻게든 활용하고 싶은 것은 인류의 희망이 여기에 있기 때문이다. 그 태양이 갖는 빛 에너지를 전기 에너지로 바꾸는 것을 태양 전지라고 한다.

> **태양 전지**
> 태양이 갖는 빛 에너지를 전기 에너지로 바꾸는 것을 말한다.

02 태양 전지의 구조

태양 전지는 **실리콘** 등을 사용한 반도체로 되어 있으며, 성질이 서로 다른 두 개의 반도체를 포개어 그곳에 태양광이 닿게 하면 − 성질의 **전자**電子=electron와 마치 + 전자와 같은 성질을 갖는 **정공**正孔=hole이라고 불리는 것이 각각의 반도체에 설치된 전극으로 나뉘어져 전기가 흐른다.

전지라고 불리지만 전기를 저장하기 보다는 태양광으로 발전하는 장치라고 생각하면 좋을 것이다. 그리고 하나의 태양 전지를 역시 1셀이라는 단위로 부른다. 태양 전지로 발전되는 전기는 직류이다.

이 태양 전지를 가정의 지붕에 설치하였을 때 발전되는 전기량은 지붕 넓이에도 좌우되지만 대략 3kWh로 한 세대 당 소비전력의 55%를 조달할 수 있다는 계산이 나온다.

이것을 사용하여 그 발전량의 전부를 전기 자동차의 구동용 배터리에 충전한다면 계산상으로 약 90%의 충전이 가능하지만 기후에 좌우된다는 점을 고려하여야 한다.

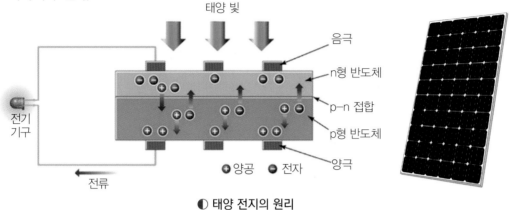

● 태양 전지의 원리

태양 전지는 2종류의 반도체가 포개진 기구이다. 반도체란 그 때의 조건에 따라서 전기를 쉽게 통전通電되도록 하거나 불통不通되도록 하는 물질이다.

전기가 통하기 쉬운 물질을 **전기 전도체**라고 하며, 전기가 통하지 않는 물질을 **절연체**라고 한다. 전기 전도체와 절연체의 중간적인 성질을 갖는 것이 **반도체**이다. 반도체의 구성물질 중 하나가 **실리콘**Si이다.

> 성질 차이
>
> **N형 반도체**는 전자량이 좀 많다.
> **P형 반도체**는 전자량이 좀 적다.

위와 같은 성질의 차이가 있다.

전자가 많은 편의 **N**Negative**형**과 전자가 적은 편인 **P**Positive**형**이 포개어져 있으면 전자가 N형에서 P형으로 이동하여 과부족을 서로 없애려는 상태가 진행된다.

그러나 전자가 감소한 N형은 +를 띠고, 전자가 증가한 P형은 −의 전기를 띤다. 이 결과 N형과 P형의 접합부분에서는 N형의 + 전기가 전자의 이동을 억제하는 작용을 하게끔 된다. 그곳으로 태양광이 닿으면 빛의 에너지에 의해 N형과 P형 사이에서 유지하고 있던 균형이 깨지며, 전기가 흐르는 구조인 것이다.

원자력 발전

지구온난화에 영향을 준다고 여겨지는 이산화탄소(CO_2)를 전혀 배출하지 않는 발전
으로는 원자력 발전이 있다. 한편, 핵무기나 핵폐기물에 대한 염려가 있는 것도 사실
이나 우선은 원자력 발전의 기본을 정확히 아는 것이 중요하다.

01 원자력 발전은 핵화학 반응

원자폭탄과 원자력 발전은 기본적인 **핵화학 반응**이 같다. 그 차이는 원자
폭탄의 경우 핵분열 반응이 순식간에 일어나는 것에 비해 원자력 발전에서는
핵분열 반응을 서서히 일어나게 하여 발전에 필요한 열에너지를 필요한 만큼만
사용하여 물에서 발생된 증기의 힘으로 터빈을 회전시켜 발전이 이루어진다.

이 원자력 발전에 대한 의존도는 일본을 예로 들면 1990년대 중반부터
2000년에 걸쳐서 36%로 높아졌지만, 그 후로는 원자로의 점검이나 수리
등으로 가동률이 내려가서 30%를 하회하는 상황이다. 그 만큼 화력 발전
에 의존하여 CO_2의 배출량을 증가시키고 있는 것이다. 배기가스를 전혀 배
출하지 않는 전기 자동차라고 해도 화력 발전소에서 CO_2의 배출에 관계가
있는 것이다.

태양광 발전 등 **재생 에너지**를 사용한 발전은 의존도가 1% 정도이므로 원
자력 발전에 대한 의존을 40%로 높이는 것이 당면한 목표이다. 예를 들면 프
랑스는 발전의 80%에 가깝게 원자력에 의존하고 있으며, 이것에 수력 발전
을 합치면 90% 가깝게 CO_2를 배출하지 않는 발전으로 되어 있다.

> 터빈
> 물 · 가스 · 증기 등
> 의 유체가 가지는
> 에너지를 유용한 기
> 계적 일로 변환시키
> 는 기계를 말한다.

02 리사이클을 시야에

무엇보다도 물건을 사용하면 쓰레기가 나온다. 원자력 발전도 방사성 폐기물이 발전의 결과로 남는다. 가정에서 나오는 쓰레기의 1/100,000 정도의 양이라고 하여도 처분은 필요한 것이다. 산업 폐기물과 마찬가지로 그 처분은 매립이 기본이다. 그 중에서도 높은 수준의 방사성 폐기물은 유리를 섞어서 굳히고 스테인리스 용기에 넣어 30~50년간 냉각 저장을 한 다음 그 후 지하 300m의 깊이에 지층 처분을 한다. 한편 사용이 끝난 연료에는 아직 사용 가능한 물질이 남아 있다.

이것을 리사이클 하는 것이야말로 원자력 발전의 본질이다. 가정 쓰레기나 산업 폐기물을 **리사이클** 하는 구상과 같다. 이렇게 하여야 비로소 원자력 발전의 본질인 환경 적합 기술이 되는 것이다.

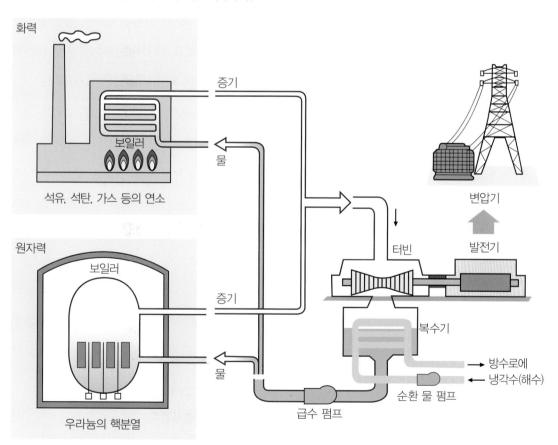

화력 발전과 원자력 발전은 열을 발생시키는 방법이 다를 뿐 열을 사용하여 증기를 발생시켜 증기의 힘으로 터빈을 돌려 발전기를 가동시키는 구조는 같다.

◑ 화력 발전과 원자력 발전의 차이

토륨 용융염로에 의한 원자력 발전

당면한 현실적인 해답으로서는 원자력 발전이 가장 유력하다. 그러나 원자폭탄과의 관련을 배제하는 것은 어렵다. 여기에서 핵무기로 전용하기 어렵고 평화 이용에 최적인 원자력 발전으로서 토륨 용융염로에 의한 발전이 실용화를 향해 발을 내딛고 있다.

01 토륨

토륨Thorium은 원자로에서 연료로 쓰이는 원소로 1828년 스웨덴의 J·J 베르셀리우스가 발견하였다. 원소기호 Th, 원자번호 90, 악티늄족, 반감기 140억 500만 년으로 본래 은백색이나 공기 중에서 회색 또는 흑색으로 변한다.

지각에서의 존재량은 우라늄보다는 3배 정도 많기 때문에 원자력 발전의 코스트를 저하하고 핵무기로의 전용이 어려워 최근 기대되는 금속이다.

02 핵무기를 없애는데 공헌

토륨이란 **우라늄** 다음으로 무거운 원소이며, 핵분열은 토륨과 같이 매우 무거운 원소에서만 일어나는 현상이다. 토륨 자체는 핵분열을 일으키지 않지만 중성자를 하나 흡수시키면 핵분열을 일으키는 새로운 우라늄이 된다. **토륨을 녹인 다음 소금에 혼합하여 액체 핵연료**로서 사용하는 것이 **토륨 용융염로**이다.

현재의 원자력 발전에서 반드시 만들어지는 플루토늄을 혼합하여 운전할 수 있는 것도 토륨 용융염로의 특징으로, 핵무기에 전용될 위험성이 큰 플루토늄을 소비해서 없앨 수 있기 때문에 핵확산의 방지로 이어지는 원자력 발전이다.

CO_2를 배출시키지 않고 고체 연료를 만들지 않으므로 매우 싼 전기를 얻으면서 핵무기로의 전용을 방지하고 체르노빌과 같은 중대 사고는 일어날 수 없는 안전한 원자력 발전이 머지않아 완성될 것이다.

중성자
원자핵을 구성하는 소립자로 양자(+)와 달리 전기의 성질을 띠지 않는다.

용융염로
토륨, 리튬, 플루토늄 등의 플루오린 화합물을 녹은 점이 다른 금속과 함께 녹여 연료로 사용하는 원자로 플루토늄 등을 만들지 않으며, 운전 보수(保守)가 단순하기 때문에 핵폐기물을 현재보다 훨씬 감소시킬 수 있는 것이다.

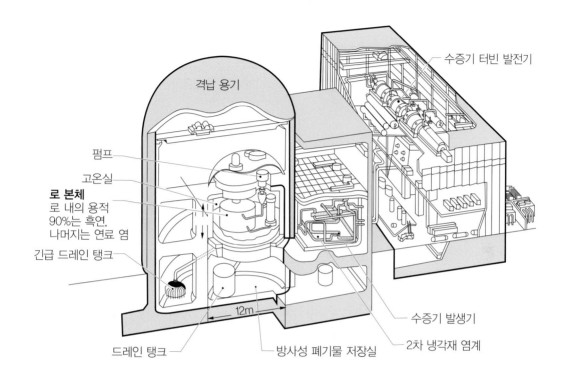

격납 용기

수증기 터빈 발전기

펌프

고온실

로 본체
로 내의 용적
90%는 흑연,
나머지는 연료 염

긴급 드레인 탱크

12m

드레인 탱크

방사성 폐기물 저장실

2차 냉각재 염계

수증기 발생기

특징과 장점

■ **특징**
• 로(爐) 본체의 용기는 개폐하지 않으므로 내부의 흑연 감연기(減連機)도 교환할 수 없다.
• 발전만 실행되고 핵연료의 증식을 하지 않는다.
• 연료 염이 순환하는 1차 계통은 여분의 부속된 기기가 없으므로 원격 조작에 의한 보수 점검이나 수리가 용이하다.

■ **장점**
• 핵무기로 이어지는 플루토늄의 완전 폐기를 실현
• 방사성 물질의 방사 확률이 적고 중대 사고가 일어날 수 없다.
• 방사성 폐기물은 낮은 수준의 오염물이 소량.
• 중소 규모 시설에 대한 대응에 유리
• 전력 수요지로의 접근이 용이(On-site화가 가능)
• 기초 기술이 존재하며, 개발 비용이 적게 든다.
• 연료비용은 연료 원료의 조정 및 탈수만 실행하면 된다.
• 사용이 완료된 연료의 처리는 로가 수명을 다 한 후에 단 한번.

PART
05

구동 장치

모터로 동력을 어떻게 타이어까지 전달할까? 내연기관 자동차와 공통되는 시스템의 소개에서부터 전기 자동차만의 특징 등 독창성으로 가득한 전기 자동차의 구동 장치를 소개하고자 한다.

그리고 전진과 후진 등 주행의 변환 시에 운전자가 조작하는 시스템이나 방법도 전기 자동차만의 독자성이 있다. 전동이기 때문에 가능한 기상천외한 개발이 놀라울 뿐이다.

클러치와 변속기가 필요 없다

내연기관 자동차에서는 엔진의 회전을 전달 또는 차단하는 클러치와 엔진의 회전을 감속하고 회전력을 증대시키는 변속기가 꼭 필요하지만 전기 자동차에서는 둘 다 필요 없기 때문에 부품의 가짓수가 감소한다.

01 엔진에 꼭 필요한 클러치와 변속기

클러치는 엔진의 회전을 변속기로 전달하거나 차단하기 위한 장치이다. 클러치에서 엔진의 회전이 전달되지 않은 상태일 때 **변속기** 안에 기어의 조합을 변경하여 변속이 이루어진다.

전기 자동차에서는 원래 변속기가 필요 없으므로 엔진의 회전을 전달 또는 차단하는 클러치도 필요 없게 된다. 변속기가 필요 없는 이유는 모터에서 토크torque를 발생하는 방법이 엔진과 다르게 회전을 시작함과 동시에 그 모터가 발휘할 수 있는 최대의 토크를 발생할 수 있다는 특징이 있기 때문이다.

엔진은 회전수가 낮을 때 그다지 큰 토크를 발생할 수가 없다. 회전수가 높아짐에 따라 보다 더 큰 토크를 발생할 수 있는 것이 엔진이기 때문에 출발 그리고 가속할 때에 변속기의 도움이 필요한 것이다.

02 모터는 아이들링이 없다

모터는 엔진과 같이 아이들링의 필요가 없다. 전기가 공급되면 회전을 하고 전기가 공급되지 않으면 회전하지 않는다. 그 전기는 스위치를 넣고 끄는 간단한 조작으로 전환할 수 있다.

전기 자동차에서는 **가속 페달**이 그 스위치가 된다. 가속 페달을 밟으면 스위치가 ON되고, 가속 페달의 밟는 량을 가감함으로써 전기의 흐르는 양을 조절할 수가 있다.

가감
더하거나 빼는 일. 또는 그렇게 하여 알맞게 맞추는 일을 말한다.

정지되어 있는 상태에서는 전기가 흐르지 않고 모터도 회전하지 않으므로 전기 자동차에서는 내연기관 자동차와 같은 **아이들링**이라는 상태가 없다. 모터의 특징인 낮은 회전에서 큰 토크를 발생하는 것과 아이들링이 없다는 두 가지 점에서 전기 자동차에는 클러치와 변속기가 필요 없는 것이다.

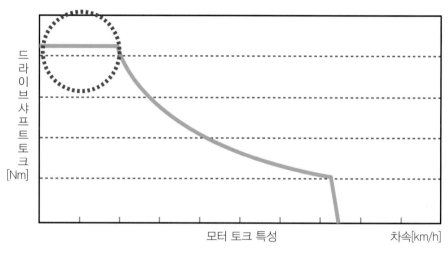

● 낮은 회전에서 토크가 크고 응답성이 뛰어난 모터

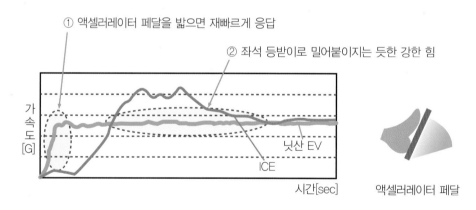

● 교차점에서 실험한 결과 선두로 발진

구동 장치의 배치

모터에서 타이어까지 회전력(torque)을 전달하는 경로를 구동 장치라고 부른다. 그 회전력이 전달되는 경로와 배치에 대하여 알아보자.

01 간단한 전기 자동차의 구동 장치

전기 자동차의 구동 장치는 클러치와 변속기가 없기 때문에 매우 간단하고 알기 쉽게 되어 있다. 가장 간단한 것이 모터의 회전을 그대로 전달하는 방법으로 인휠 모터 방식이라고 한다. 전기 자동차만의 특징을 가장 잘 살린 구동 장치라고 말할 수 있다.

한편 현재의 전기 자동차 대부분에서 적용하고 있는 것이 내연기관 자동차와 같은 구동 장치의 배치이다. 모터로부터의 회전을 **종감속 기어 & 차동 장치**로 전달하고 그곳에서 좌우의 구동 바퀴, 즉 타이어로 전달하는 방법이다.

내연기관 자동차와 마찬가지로 앞바퀴 구동 자동차라면 모터는 차체의 앞부분에 배치되어 그대로 구동 장치가 구성되며, 내연기관 자동차에서는 이것을 **FF**Front enginer · Front drive라고 부른다.

> **인휠 모터 방식**
> 휠 허브 부분에 모터를 부착하여 모터의 회전을 바퀴로 전달하는 방법을 말한다.

02 구동 방식의 차이

한편 뒷바퀴 구동의 경우는 두 가지 방법을 생각할 수 있다.

하나는 모터와 구동 장치의 부품 모두를 자동차의 뒤에 배치하는 방법이다. 내연기관 자동차로 말하면, **RR**Rear engine · Rear drive이라고 부르는 방식이다.

다른 하나는 이것도 내연기관 자동차에서 말하는 Front engine·Rear drive인 **FR**이라고 하는 방식이다. 이 경우는 모터를 차체의 앞부분에 배치하고 그 회전력을 뒷바퀴에 전달하는 뒷바퀴 구동의 일종이다. 그러므로 **프로펠러 샤프트**라는 부품이 하나 더 추가가 된다.

이 FR은 원래 이 방식이었던 내연기관 자동차를 전기 자동차로 개조한 컨
버트 EV에 적용하고 있다.

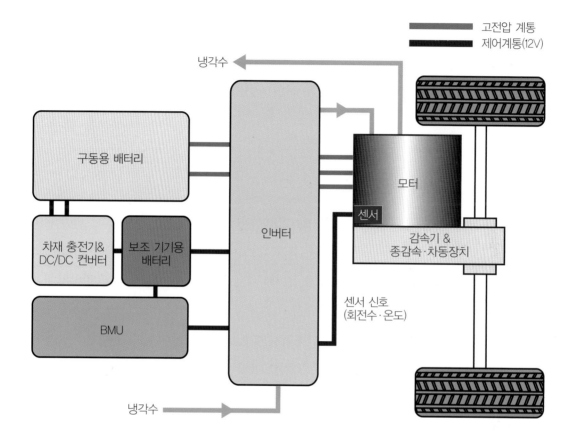

미쓰비시 [i-MiEV]는 내연기관 자동차 i를 활용하여 엔진이 배치되었던 장소에 그대로 모터를 배치하
여 뒷바퀴 구동을 적용하고 있다.

◑ 미쓰비시 [i-MiEV]의 뒷바퀴 구동 방식

뒷바퀴 구동을 적용한 i-MiEV의 구동 방식은 상용자동차 밴에도 그대로
응용이 가능하다. 이와 같이 우편의 집배나 택배 사업 등에서 사용되는 경
자동차인 밴이 비교적 용이하게 전기 자동차로 바뀌고 있다.

종감속 및 차동장치

모터의 회전력이 좌우의 구동 바퀴(타이어)에 전달하는 것이 종감속 & 차동장치라고 하는 기구이다. 기어를 조합한 기구로 동일한 회전력을 전달하면서, 좌우 타이어의 회전수를 바꿀 수 있는 구조로 되어있다.

01 차동장치의 원리

자동차가 직진할 때

자동차가 선회할 때

차동장치는 래크와 피니언의 원리를 응용한 것이며, 양쪽의 래크 위에 동일한 무게를 올려놓고 핸들을 들어 올리면 피니언에 걸리는 저항이 같아져 피니언이 자전을 하지 못하므로 양쪽의 래크와 함께 들어 올려진다(자동차가 직진할 때).

그러나 래크 B의 무게를 가볍게 하고 피니언을 들어 올리면 래크 B를 들어 올리는 방향으로 피니언이 자전을 하며, 양쪽의 래크가 올라간 거리를 합하면 피니언을 들어 올린 거리의 2배가 된다(자동차가 선회할 때).

여기서 래크를 **사이드 기어**로 바꾸고 좌우 차축을 연결한 후 **차동 피니언**을 종감속 장치의 **링 기어**로 구동시키도록 하고 있다.

02 커브를 돌 때 좌우 타이어의 회전수는 다르다

커브를 돌 때의 타이어 회전수는 좌우가 다르다. 왜냐하면 회전 중심에서 좌측과 우측의 거리가 다르고 그에 따라 내측 타이어는 안쪽의 가까운 길을, 외측 타이어는 바깥쪽의 먼 길을 따라 돌기 때문이다. 그렇더라도 타이어에는 동일한 회전력이 전달되므로 자동차는 커브를 돌면서 앞으로 나아갈 수가 있다.

종감속 기어 장치는 **구동 피니언 기어**와 **링 기어**가 맞물려 **변속기**(또는 프로펠러 샤프트)에서 전달되는 회전력을 증대시켜 전달 경로를 직각 또는 직각에 가까운 각도로 변환한다. 그리고 전기 자동차의 경우라면 모터에서 링 기어로 회전력이 전달된다.

차동 기어 장치는 4개의 베벨 기어(사이드 기어 2개, 차동 피니언 기어 2개)

공전
한 천체가 다른 천체의 둘레를 주기적으로 도는 일을 말한다.

가 조립되어 있으며, 좌우의 타이어와 구동축으로 연결되어 타이어 주행거리의 영향을 받으면서 회전한다.

03 동일한 회전력을 전달하면서 회전수를 바꾼다

자동차가 평탄한 도로를 직진하고 있을 때는 **사이드 기어**에 연결되어 있는 좌우 타이어의 회전 저항이 같기 때문에 동일한 회전속도로 **차동 피니언 기어**의 공전에 따라 전체가 한 덩어리가 되어 **링 기어**와 동일한 회전을 한다. 따라서 링 기어를 돌리고 있는 모터의 회전이 그대로 좌우 타이어로 전달된다.

여기서 저항이 큰 쪽의 사이드 기어(안쪽 타이어)를 중심으로 차동 기어가 공전公轉과 자전에 의해 저항이 적은 쪽 사이드 기어(바깥쪽 타이어)의 회전차를 조정하기 때문에 좌우의 타이어에 동일한 회전력을 전달하면서도 회전수가 서로 다르게 되는 것이다.

모터의 회전력은 **구동 피니언 기어**에 의해 **링 기어**로 전달된다. 아래 그림을 예로 들면 좌측 커브 길에서는 우측 타이어가 빠르고, 좌측 타이어가 천천히 회전한다. 링 기어와 동일한 속도로 차동 피니언 기어가 공전을 하고 회동력은 좌우 사이드 기어로 전달된다. 사이드 기어는 차동 피니언 기어의 공전에 의해 좌우가 함께 회전하지만 차동 피니언 기어가 좌우 다른 방향으로 자전함으로써 좌측 타이어는 천천히, 우측 타이어는 빠르게 회전한다.

구동 피니언 기어

링 기어

차동 사이드 기어

차동 피니언 기어

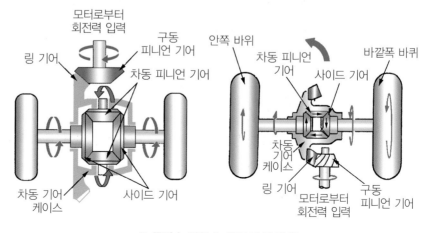

모터로부터 회전력 입력

구동 피니언 기어

링 기어

차동 피니언 기어

안쪽 바위

차동 피니언 기어

사이드 기어

바깥폭 바퀴

차동 기어 케이스

사이드 기어

차동 기어 케이스

링 기어

모터로부터 회전력 입력

구동 피니언 기어

◑ 종감속 기어 & 차동 기어 장치

감속비

감속이라는 말을 들으면 자동차가 출발하여 가속해 가는 것의 반대말이라고 생각할
수 있다. 그러나 전기 자동차나 내연기관 자동차나 이 감속이라는 방법을 사용함으로
써 회전력(구동력)을 증대시켜 힘찬 출발이나 가속이 얻어지는 것이다.

01 속도를 낮추어 큰 회전력을 얻는다

감속이란 속도를 늦춰 회전력을 높이는 것이지만 **감속장치**라든지 **감속비**가
자동차 용어로 사용될 때 그것이 의미하는 가장 큰 점은 **회전력**을 **증대**시키
는 기능이라는 점이다.

감속기 안쪽은 크고 작은 기어의 조합으로 이루어져 있으며, 작은 기어 쪽
에 회전력을 전달하여 큰 기어를 돌리려고 한다. 예를 들면 작고 큰 두 기어
의 크기, 직경의 비율이 1 : 2라고 가정한다면, 작은 1의 기어가 2회전하면
큰 기어가 1회전하는 관계가 되어 2회전이 1회전으로 줄어들기 때문에 확실
히 감속이다.

그러나 여기서 회전수는 1/2로 감소하더라도 큰 기어는 회전수가 감소한 분
량만큼 2배의 큰 회전력을 발생하며, 모멘트가 관계된다. 힘이 미치는 점이
중심에서 멀어지면 보다 큰 힘을 발생시킬 수 있다는 **힘의 법칙**이다. 감속기의
경우는 작은 기어보다 큰 기어가 중심에서 2배 먼 거리에서 회전력이 작용하
기 때문에 작은 기어에 입력된 회전력을 2배의 회전력으로서 출력할 수 있는
것이다.

02 종감속 기어에서 감속

모터로 입력되는 회전을 링 기어에 전달하는 입력 기어보다 큰 기어이다.
그러므로 종감속 기어 장치를 배치한 자동차는 전기 자동차에서나 내연기관
자동차에서나 그곳에서 한 번 **감속되면서 보다 큰 회전력을 타이어로 전달**하는
구조로 되어 있다. 이렇게 하여 큰 회전력이 타이어로 전달됨으로써 힘찬 출

발이 가능해 진다.

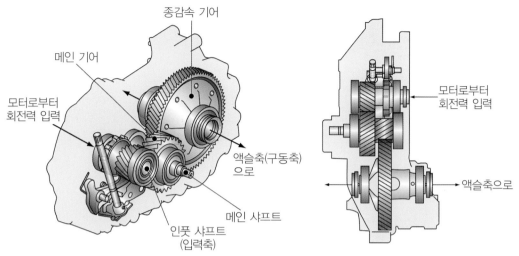

종감속 기어

메인 기어

모터로부터
회전력 입력

모터로부터
회전력 입력

액슬축(구동축)
으로

메인 샤프트

인풋 샤프트
(입력축)

액슬축으로

◐ 1단 고정 기어, 후진 기어 없음

모터의 회전력은 종감속 장치의 링 기어에서 감속되어 회전력을 증대시킨 후에 좌우의 타이어로 전달된다.

모터 유닛

AC 동기 모터로 희토류 자석이 내장되어 있는 로터에 코일이 감겨 있다. 종감속 기어에서 차동 장치까지 일체가 된 콤팩트 유닛으로 되어있다.

내연기관 자동차에서 4단 A/TAutomatic Transmission를 장착하고 변속비에 따라 순서대로 1단부터 4단으로 변속하면서 가속해간다. 전기 자동차는 내연기관 자동차에 비해 변속을 하지 않아도 100km/h 이상까지 계속해서 가속할 수 있는바 감속비는 자연흡기 엔진과 터보 엔진의 중간 정도면 좋다고 한다. 모터 특유의 회전수 폭의 여유나 저속회전에서 고속회전까지 안정적으로 회전력을 계속 출력할 수 있는 특징을 나타내고 있다.

다이렉트 구동

다이렉트 구동은 직접 구동한다는 의미로 바퀴 안쪽에 모터를 장착하여 바퀴를 직접
구동하는 시스템을 말한다.

01 모터가 타이어를 직접 회전시킨다

전기 자동차에서 가장 특징적인 것은 **인휠 모터**이다. 또한, 가장 간략한 인
휠 모터 기구는 **다이렉트 구동**이다. 타이어를 회전시키는 차축과 직접 연결된
허브에 모터를 장착하여 연결시키는 것이다. 모터의 회전력이 그대로 타이어
로 전달되기 때문에 말 그대로 진정한 다이렉트 구동인 것이다.

자동차를 간략하게 만들 수 있는 전기 자동차에서 다이렉트 구동은 상징
적인 방법이라고 말할 수 있을 것이다. 이것이 가능한 것도 자동차를 출발시
킬 때 매우 낮은 회전수 단계로부터 모터라는 원동기가 큰 회전력을 출력할
수 있는 특성을 갖고 있기 때문이다.

02 기어 리덕션 방식

한편, 같은 인휠 모터 방식에서도 **감속장치**를 배치하고 있는 사례가 있다.
이것을 기어 리덕션 방식gear reduction type이라고 하며, **감속장치와 모터를 조합**시
킨 방법이다. 자동차로서 매력이 있는 강력한 가속 성능을 전기 자동차에도
적용하려면 보다 큰 회전력을 타이어에 전달하면 되기 때문에 모터와 타이어
사이에 감속장치를 설치함으로써 모터의 회전력이 증대되어 타이어에 전달
된다. 그리고 이 경우 작은 모터를 사용하더라도 강력한 가속 성능을 발휘할
수 있는 전기 자동차로 완성할 수 있게 된다.

모터가 작다면 가벼워지고 그만큼 또 부품가격도 낮출 수 있다.

기아 리덕션 방식
감속장치와 모터를
조합시킨 방식을 말
한다.

● 인휠 모터의 구성

● 허브에 장착된 인휠 모터

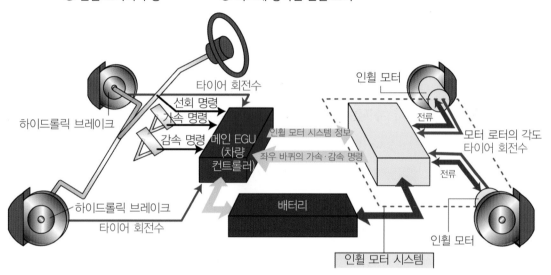

타이어 회전수

선회 명령

가속 명령

감속 명령

하이드롤릭 브레이크

하이드롤릭 브레이크

타이어 회전수

메인 EGU (차량 컨트롤러)

배터리

인휠 모터 시스템 정보

좌우 바퀴의 가속·감속 명령

인휠 모터

전류

전류

모터 로터의 각도 타이어 회전수

인휠 모터

인휠 모터 시스템

인휠 모터 EV 시스템의 구성

인버터 유닛과 교류 동기 모터의 조합은 EV와 같지만 모터의 수가 증가된 만큼 전력 제어 소자의 수도 증가되었다. 모터의 최고 회전수는 15000rpm, 바퀴 1개당 출력은 30kW이다.

● 인휠 모터 EV 시스템

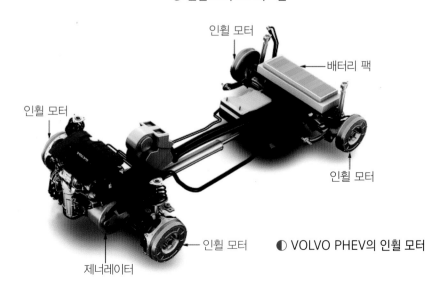

인휠 모터

배터리 팩

인휠 모터

인휠 모터

인휠 모터

제너레이터

● VOLVO PHEV의 인휠 모터

chapter
06

4륜 구동부터 8륜 자동차까지

인휠 모터를 채용하면 경자동차로부터 버스 · 트럭까지 다양한 크기의 자동차를 전기 자동차로 만드는 것에 응용이 가능하다.

01 모터의 개수만큼 마력이 상승한다

시판되고 있는 경 전기 자동차인 자동차의 모터 성능은 64마력 정도라면 이것을 그대로 **인휠 모터**로써 활용하면 2륜에 조립하여 128마력이 된다. 그 것을 4륜에 조립하면 256마력의 4륜 구동차가 가능한 것이다.

경자동차의 크기로 256마력은 터무니없이 높은 기준이기 때문에 64마력의 4륜 구동 경자동차를 인휠 모터로 할 경우 모터의 크기는 1/4로 소형화가 가능하다. 매우 작은 모터이기 때문에 타이어를 조립하는 **휠 림**에 장착하기도 쉬워질 것이다. 그러나 부품의 개수에서는 1개였던 것이 4개로 증가됨으로써 제작 경비가 비싸질 가능성도 있다.

> **마력**
> 일의 양을 시간으로 나눈 값으로, 1초간에 75kg · m의 일을 할 때에 이것을 1마력이라 하고 1HP로 쓴다.

02 같은 성능의 모터로 다양한 자동차에 적용이 가능

한편, 생각을 대형 자동차로 향해 본다면 어떨까? 위에서 설명한 모터를 그대로 4륜에 사용하면 256마력이 된다고 소개하였다. 시내를 달리는 대형 노선버스에서 사용되고 있는 디젤 엔진은 대략 300마력이다. 다시 말하면 경 전기 자동차용으로 개발된 64마력의 모터를 4개 합치면, 대형 노선버스가 필요한 정도의 마력을 얻을 수 있는 것이다.

그렇다면 경전기 자동차용으로 개발하고 양산한 1개의 모터가 2개라면 128마력이므로 소형승용차에서는 충분한 성능이고 4개가 모이면 대형 노선버스에까지 응용할 수 있는 것이다.

인휠 모터 방식을 활용하여 2륜, 4륜에 탑재한다면 다종다양한 자동차의 모터가 한 종류로 해결되는 것이 된다. 이렇게 수량이 많아지게 되면 모터의 가격을 저감시키는 것도 가능해 질 것이다. 만약 8륜 자동차라면 같은 모터로 합계 512마력이나 낼 수 있을 것이다.

랜서 에볼루션 MiEV

인휠 모터 아우터 로터식

◑ 미쓰비시 [랜서 에볼루션 MiEV]

인휠 모터 로터

브레이크 디스크&캘리퍼

허브

스테이터 브래킷

인휠 모터 스테이터

로터 브래킷

◑ 인휠 모터 아우터 로터식 구조

◑ 8륜 자동차의
8륜 구동

후진

모터에 흐르는 전기의 +와 −를 반대로 하면 모터가 역회전하기 때문에 전기 자동차의 전진과 후진은 스위치 하나의 전환으로 이루어진다.

01 변속기가 없어도 전 · 후진의 전환이 가능하다

내연기관 자동차는 **변속기** 속에 조립된 기어의 조합을 바꿈으로써 **후진**이 이루어지지만 전기 자동차는 **클러치**와 **변속기**가 기본적으로 필요 없다. 그러면 어떻게 전진과 후진이 전환되는가? 모터에 흐르는 전기의 +와 −를 반대로 하면 모터는 역회전하므로 그것만으로 해결이 된다. 전기 자동차의 기구가 간략하다는 이유가 여기에도 있다. 엔진을 역회전시키는 것은 매우 어려운 일이기 때문이다.

02 전진인지 후진인지, 운전자에게 안내가 필요

스위치 하나의 전환으로 전진과 후진이 바뀌기 때문에 전기 자동차의 스위치 전환과 그 상황을 운전자에게 알려주는 표시방법 등은 내연기관 자동차 이상으로 중요하다. 전기 자동차는 엔진과 같은 아이들링을 하지 않기 때문에 매우 조용하므로 전원이 공급되는지조차 알아차리지 못하거나 전원 공급을 아예 잊어버리는 경우도 사람의 착각으로서 일어날 수 있다.

그래서 전기의 흐름을 전환하고 모터가 역회전하며 전기 자동차가 **후진**하는 상태에 있을 때는 그것을 명확하게 운전자에게 알려 줄 **신호**가 필요하다. 그리고 만일의 경우 억측이나 착각이라는 실패가 있더라도 사고로 이어지지 않도록 배려하는 운전 조작의 시스템이 포함되어 있어야 한다. 후진 시에 스위치가 전환되었다는 것을 알려주는 **경고등**이나 소리로 알려주는 **차임벨** 등이 필요하다.

그런 관점에서 전기 자동차 기구의 단순함을 상징하는 하나의 예가 후진하는 방법에서 드러나고 있다.

모터의 역회전(후진시)

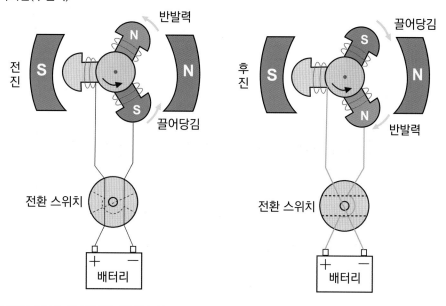

시프트 레버를 R(리버스) 레인지에 넣으면 구동용 배터리에서 모터로 공급되는 전류의 방향이 바뀌고 모터가 역회전함으로써 자동차는 후진한다.

◗ 모터의 역회전에 의해 후진시키는 방법

최근 전기 자동차에서는 버튼 조작을 통한 변속으로 주행, 주차, 변속의 편의성을 향상시키며, 시동을 끄고 브레이크 페달을 밟은 상태에서 변속 버튼 P(주차)를 눌러 주차시킨다. 단, 주차 브레이크 체결 및 주행 중 도어 열림 시 안전 로직 적용으로 안전성을 증대시킬 뿐만 아니라 콘솔 공간의 활용성이 증대 되었다.

◑ 아이오닉 전자식 변속 버튼

◑ 코나 전자식 변속 버튼

◑ 넥쏘 전자식 변속 버튼

D포지션

표준 회생 제동력을 제공하는 도시 주행. 액세스 조작에 따라 토크가 발생한다.

◑ 주행 포지션 기능

B포지션

내리막 주행. D포지션과 같은 토크와 함께 회생 브레이크 기능을 가장 강하게 작용시키는 포지션이며, 내리막 길 등에서의 감속력을 높일 수 있다. 감속시에는 구동용 배터리에 더 많은 충전이 이루어진다.

C포지션

높은 회생 제동력을 제공. 액셀러레이터 페달을 밟더라도 출력을 억제하여 유연하게 제어한다. 보다 경제적인 주행을 즐길 수 있다. 회생 브레이크 기능의 성능은 D포지션과 B포지션의 중간에 설정된다.

PART

06

조향 장치와
브레이크 장치

전기 자동차의 핸들 조작이 어떻게 앞바퀴를 움직이고 자동차가 선회할 수 있는지 살펴본다.

또한 브레이크에서는 전기 자동차나 하이브리드 자동차 특유의 회생 브레이크에 대하여 알아보고 모터를 발전기로서 에너지를 회수할 때에 브레이크 작용과 전기 자동차만의 새로운 기구를 소개하고자 한다.

조향 장치

운전자가 핸들(Steering Handle)을 돌리면 자동차는 선회(旋回)한다. 전기 자동차의 조향장치는 일반 자동차와 크게 다를바 없으며 일반적인 시스템을 설명하도록 한다.

01 핸들 조작과 자동차의 선회

오른쪽 그림을 보면서 운전자가 핸들을 조작하면 자동차가 어떻게 선회하는지 차례대로 설명하면 다음과 같다.

핸들은 **스티어링 휠**steering wheel이라고도 불리는 둥근 모양으로 되어 있으며, 운전자가 조작하는 부품으로 조종축의 상단에 설치되어 있다. 조향축의 반대쪽 끝에는 **기어 박스**가 설치되어 있으며, 이 속에는 조향축쪽의 **피니언 기어**와 반대쪽에 랙rack의 톱니가 서로 맞물린 상태로 설치되어 있다.

운전자가 핸들을 돌리는 움직임은 조향축을 통하여 피니언 기어에서 랙으로 전달된다. 그러면 핸들의 [회전 운동]이 랙을 통하여 [좌우직선 운동]으로 변환된다.

02 조향 기구에 대한 연구

랙의 좌우 움직임을 랙의 양끝에 설치되어 있는 **타이로드**로 전달하고 그 타이로드는 **차축**에 설치된 **허브**의 **너클 암**에 전달한다. 이 너클 암이 좌우로 움직임으로써 상하를 지주支柱로 지지된 허브가 회전운동을 하여 타이어의 방향이 바뀌게 된다. 운전자가 핸들을 돌리는 **회전운동**이 기어 박스에서 좌우의 가로 방향으로 **직선운동**이 되고 허브에서 다시 회전운동으로 변환되어 타이어의 방향이 바뀌는 것이다.

너클 암은 조향바퀴의 차축 한가운데를 향한 거꾸로 된 八자와 같은 각도로 설정되어 있기 때문에 타이어가 방향을 바꿀 때의 각도를 조절하고 커브

선회
자동차를 어떤 지점을 중심으로 그 원주 방향으로 회전시키는 것으로서 커브 도로 또는 좌·우측으로 방향을 바꿀 때를 말한다.

랙(rack)
기어 이가 축에 평행하게 만들어진 기어로서 피니언의 회전운동을 직선 운동으로 바꾸는데 사용된다. 자동차의 조향장치·디젤 연료 분사 펌프 등에서 사용되고 있다.

의 내측과 외측에서 회전반경이 달라지도록 앞바퀴의 방향을 바꾸는 각도를 좌우에서 조절하는 구조로 되어 있다. 이것을 **애커먼 장토식 조향의 원리**라고 부른다.

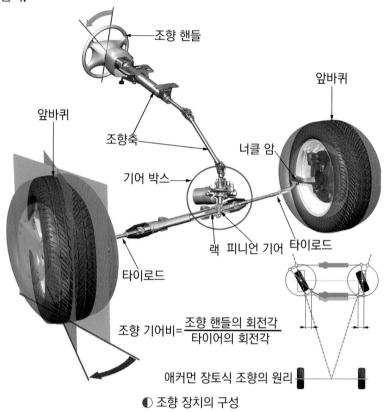

조향 기어비 $= \dfrac{\text{조향 핸들의 회전각}}{\text{타이어의 회전각}}$

애커먼 장토식 조향의 원리

◗ 조향 장치의 구성

조향의 열쇠를 쥐고 있는 것이 점선으로 둘러싸인 **기어 박스**이다. 기어 박스 안에는 회전하는 **피니언 기어**와 좌우로 움직이는 **랙**의 톱니가 그 접촉면이 맞물리도록 조립되어 있다. 이 톱니의 맞물림 비율로써 핸들을 돌릴 때 앞바퀴가 어느 정도 조향이 될 것인지가 결정되는 것이다. 이것을 [**조향 기어비**]라고 한다.

조향 기어비가 작으면 핸들을 조금만 돌려도 앞바퀴의 방향은 크게 바뀐다. 조향 기어비가 크면 핸들을 많이 돌려도 앞바퀴의 방향은 조금밖에 바뀌지 않는다. 핸들을 약간 돌리는 것만으로 앞바퀴가 방향을 바꿀만큼 조작에 대한 응답이 빠르지만. 한편으로 직진하고 있을 때 약간의 핸들 움직임만으로도 진로가 변경되기 때문에 오히려 고속에서는 운전이 위험해진다.

전동 파워 스티어링

파워 스티어링은 1960년대 중반에 미국에서 장착하였으며, 엔진의 동력을 이용하여 유압 펌프를 작동시켜 발생된 유압으로 핸들 조작의 보조력을 얻는 방식이다. 그러나 전기 자동차에는 엔진이 없기 때문에 전동 파워 스티어링을 이용한다.

01 전동 파워 스티어링

전동 파워 스티어링은 1980년대에 들어서 일본에서 개발되었다. 엔진의 배기량이 작고 힘이 약한 경자동차 엔진에 부담을 주지 않는 방식으로서 고안이 되었다. **조향축**에 장착된 **모터**로 핸들을 돌려서 **보조력**을 얻는다.

오늘날은 엔진의 배기량이 큰 승용차에서도 엔진에 부담을 주지 않고 연비가 좋아지는 이유 때문에 전동 파워 스티어링을 적용한다. 전기 자동차에서는 원래 엔진이 없기 때문에 파워 스티어링을 장착한다면 반드시 모터로 보조력을 얻는 전동으로 한다. 그 모터에 공급되는 전기는 다른 보조 기계와 마찬가지로 12V용 납 배터리에서 얻는다.

02 모터 장착 장소의 종류

전동 파워 스티어링의 모터는 애초에는 **조향축**에 조합되어져 있었다. 현재도 경자동차를 중심으로 그런 방식이 채용되고 있다. 한편 조향 기구 중에서 **기어 박스** 근처나 **랙**에 모터를 장착하는 경우는 차체가 크고 무거운 자동차인 경우에서 적용한 예를 많이 볼 수 있다.

무거운 자동차는 큰 보조력을 얻지 못하면 파워 스티어링으로서 충분한 도움을 줄 수가 없으며, 가급적 타이어와 가까운 쪽에서 보조력을 주는 것이 명확하게 효과를 발휘할 수 있다.

전동 파워 스티어링 모터가 조향축에 장착되어 있다. 모터를 돌려서 핸들 조작을 가볍게 할 수 있도록 한다.

전동 파워 스티어링도 조향축에 보조력을 주는 방식과 기어 박스나 랙에
직접 보조력을 주는 방식 등 그 용도에 맞는 종류가 있다.

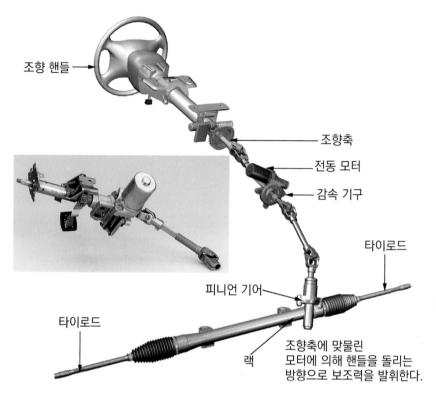

조향 핸들

조향축

전동 모터

감속 기구

타이로드

피니언 기어

타이로드

랙

조향축에 맞물린
모터에 의해 핸들을 돌리는
방향으로 보조력을 발휘한다.

◑ 조향축에 모터가 장착된 경우

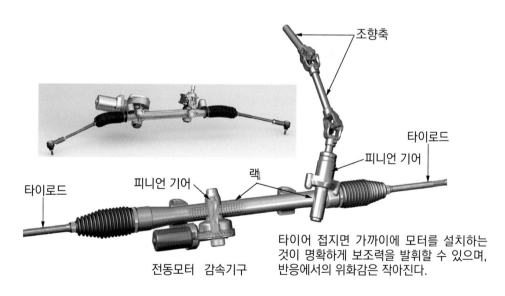

조향축

타이로드

피니언 기어

피니언 기어

랙

타이로드

타이어 접지면 가까이에 모터를 설치하는
것이 명확하게 보조력을 발휘할 수 있으며,
반응에서의 위화감은 작아진다.

전동모터 감속기구

◑ 랙에 모터를 장착한 경우

바이 와이어By-wire 조향

바이 와이어 조향이란 핸들의 조작을 전기적 신호로 바꾸어 조향 기어 박스의 피니언 기어와 랙을 모터로 직접 작동시키는 구조를 말한다.

01 항공기에서 발달한 시스템

바이 와이어는 원래 항공 용어에서 탄생하였다. 대형 여객기에서는 조종석이 있는 기체의 앞부분과 날개의 조종 부분이 멀리 떨어져 있다. 그 사이를 파이프 등으로 연결하여 조종사의 조작을 유압으로 전달하는 것은 어려운 일이다. 그래서 조종사의 조작을 전기 신호로 바꾸어 전선을 통하여 날개의 조작 부분에 전달하고 날개의 움직임은 그 전기 신호에 따라 가동 부분에 장착되어 있는 모터에서 실행하는 것이 바이 와이어의 시작이다.

자동차에서도 이미 바이 와이어는 응용되고 있다. 대형 여객기와 마찬가지로 버스도 차체 앞부분의 운전석에서 뒷부분의 엔진이나 변속기까지가 멀리 떨어져 있다. 그래서 변속기의 시프트 조작을 바이 와이어화 함으로써 **운전자**가 하는 **시프트 레버**의 조작을 **전기 신호**화 하고 차체의 뒷부분에 있는 **변속기**를 **변속**하는 것이다.

> 바이 와이어 조향 핸들에 연결된 조향 축이 기어 박스에 직접 연결 되지 않는다.

02 운전자의 조작을 보완할 수 있다

승용차에서도 바이 와이어는 액셀러레이터 페달의 조작에 이용되고 있다. 운전자의 **액셀러레이터 페달**의 **조작**을 **전기 신호**화 하고 **배선**을 통해 엔진에 전달하여 엔진의 **스로틀 밸브 개폐**를 **모터**로 실시함으로써 가속의 가감을 조절하거나 연비의 가감을 조절하고 있다. 여기서 말하는 바이 와이어 조향은 운전자의 핸들 조작을 전기 신호로 바꾸고 스티어링 기어 박스의 피니언 기어와 랙을 직접 모터로 작동시켜 방향을 바꾸는 방법이다.

이것을 실행하여 자동차의 주행 안정성을 향상시키거나 혹은 커브를 돌기 쉽게 하는 등의 제어가 가능하며, 운전자의 핸들 조작 미스와 같은 실수를 보완하여 사고를 미연에 방지하는 것도 가능하다.

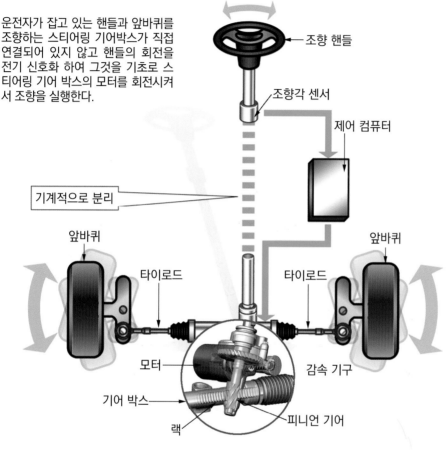

운전자가 잡고 있는 핸들과 앞바퀴를 조향하는 스티어링 기어박스가 직접 연결되어 있지 않고 핸들의 회전을 전기 신호화 하여 그것을 기초로 스티어링 기어 박스의 모터를 회전시켜서 조향을 실행한다.

조향 핸들

조향각 센서

제어 컴퓨터

기계적으로 분리

앞바퀴

타이로드

타이로드

앞바퀴

모터

감속 기구

기어 박스

랙

피니언 기어

◐ 바이 와이어 조향의 구조

바이 와이어를 활용하여 운전자의 조작 미스를 보완하는 것도 가능한 한편, 타이어와 도로의 접촉 상황을 어떻게 운전자의 손에 전달할지 라는 과제가 있다. 예를 들면 눈길 등 미끄러지기 쉬운 도로에서는 핸들 조작의 반응이 가벼워져서 운전자는 슬립의 위험을 살펴서 알게 된다.

그러나 바이 와이어 조향에서는 타이어와 핸들과의 사이에 직접적인 물리적 연결이 없어지므로 운전자의 손에 반응을 곧바로 전달할 수가 없다. 그래서 타이어가 미끄러지기 쉬운 도로를 주행하고 있다는 것을 **센서** 등으로 감지하고 그것을 제어 **컴퓨터**가 판독하여 핸들 조작을 무겁게 하는 연출을 추가하는 등 새로운 기능을 설치할 필요가 있다.

코너링 포스Cornering force

코너링 포스란 커브를 회전 할 때에 타이어에 발생하는 힘이다. 코너링 포스가 타이어에 발생하기 때문에 자동차는 커브를 돌 수 있지만 그 힘에는 한도가 있다.

01 전차와 자동차의 차이

코너링 포스란 자동차가 선회할 때 발생하는 원심력에 대응하여 선회로 원활하게 하는 힘이다. 운전자가 핸들을 조작하면 타이어에 코너링 포스가 발생하고 노면에 대해서 버티며, 자동차의 원심력을 견딘다. 이것이 가능한 것은 타이어가 고무로 되어 있기 때문이다.

만약 전차와 같이 **철륜**鐵輪이라면 코너링 포스는 발생되지 않아 커브를 돌 수가 없다. 그러므로 전차는 선로를 설치하여 철륜이 강제적으로 선로를 따라서 달리게 하는 것이다.

철륜
쇠로 만든 바퀴를 말한다.

02 고무가 흡수하는 코너링 포스

그러면 코너링 포스는 어떻게 만들어지는 것일까? 운전자의 핸들 조작에 의해 고무로 된 타이어가 진로를 바꾸려고 할 때 노면에 밀착되어 회전하는 타이어의 접지 면에서는 고무가 비틀리는 현상이 발생된다. 문구의 지우개에서도 비틀면 원래대로 돌아가려고 하는 힘이 작용하는 것을 경험상으로 알 수 있을 것이다.

타이어도 핸들이 돌려졌을 때에는 자동차가 앞으로 나아가려는 힘과 타이어가 진로를 바꾸기 위해 방향을 바꾸려고 하는 힘 사이에서 **비틀림 현상**이 발생되며, 타이어의 고무는 원래대로 돌아가려고 한다. 이것이 코너링 포스가 되어 자동차가 원심력으로 밖으로 튀어나가려고 하는 것을 지지하는 것이다. 이렇게 하여 자동차는 무사히 커브를 돌 수 있게 되는 것이다.

코너링 포스는 자동차의 속도와 타이어의 노면과의 밀착 관계에서 성립한다. 그러므로 속도가 높아지거나 노면이 미끄러지기 쉽거나 하면 원심력을 거스르고 버티는 힘(코너링 포스)이 한도를 초과하면 타이어가 슬립을 한다. 커브에서는 속도를 늦추고 신중하게 운전해야 하는 이유가 여기에 있다.

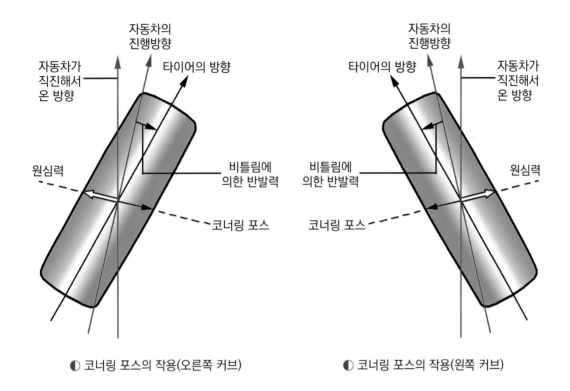

◑ 코너링 포스의 작용(오른쪽 커브)　　　　◑ 코너링 포스의 작용(왼쪽 커브)

비슷한 단어로 [**코너링 파워**]가 있다. 이것은 코너링 포스가 얼마만큼 빠르게 발생했는지를 나타내는 용어이다. 코너링 파워가 크면 핸들을 돌렸을 때 곧바로 코너링 포스가 발생되며, 자동차의 방향을 신속하게 바꿀 수 있다는 것을 나타낸다.

회생과 풋 브레이크Foot brake

전기 자동차에서는 모터를 발전기로 전환하고 발전할 때에 속도가 떨어지는 브레이크의 작용도 하는 것이다. 전기 자동차에는 회생과 함께 내연기관 자동차와 같은 유압식의 풋 브레이크를 갖추고 있다.

01 회생 브레이크의 효과

전기 자동차의 구동 발전기는 자력의 영향으로 전기를 발생시키기 때문에 자력이 회전을 방해하는 저항으로서 작용하여 속도를 떨어트리는 작용을 하는 것이다. 이것을 회생 브레이크라고 하며, 발전량을 조정하면 회생 브레이크 감속력의 세기를 조절 할 수가 있다. 많이 발전하면 강한 **감속효과**가 얻어진다.

따라서 전기 자동차의 감속을 회생에 사용하면 적극적인 발전을 통하여 구동용 배터리의 충전을 하면서 전기 자동차를 감속하여 정차시킬 수가 있다. 이렇게 가속일 때에 사용한 에너지를 감속일 때 회수하는(구동용 배터리에 충전한다) 것은 내연기관 자동차에서는 불가능하다. 에너지 회수를 적극적으로 하려면 감속의 대부분을 회생 브레이크에 의지하는 것이 상책이다.

> **회생 브레이크**
> 발전기는 자력의 영향으로 전기를 발생하기 때문에 자력이 회전을 방해하는 저항으로서 작용하여 속도를 떨어트리는 작용을 하는 것을 말한다.

02 풋 브레이크와의 병용

그러나 감속의 전부를 회생 브레이크에 맡길 수는 없다. 운전자가 정지선까지의 눈짐작을 오인하는 경우도 생각할 수 있고 또 위험을 회피하기 위해 급브레이크가 필요한 경우도 생각해야 한다. 그럴 때에는 강제적으로 자동차를 감속시켜서 멈추는 방법이 필요하다. 그래서 내연기관 자동차에서 사용되었던 **유압식 브레이크 장치**가 전기 자동차에도 설치되어 있다.

그리고 액셀러레이터 페달에서 발을 떼고 브레이크 페달을 밟아서 감속시
킬 때에는 **회생에 의해 이루어진 감속**과 브레이크 장치가 브레이크 로터와 브
레이크 패드에 의해 발생되는 **마찰열을 공기 중에 방출시키는 것에 의한 감속**을
동시에 실행한다. 양쪽의 참여 비율은 **컴퓨터**가 관리하여 제어한다.

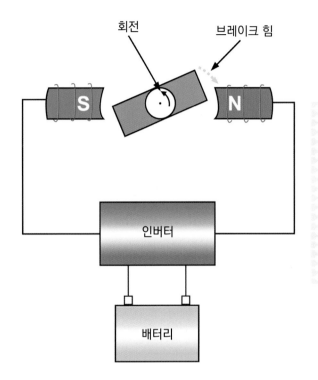

중앙의 회전축은 좌회전 방향으로 돌
고 있지만, 점선과 같은 자력이 작용하
여, 그 회전을 멈추려고 하는 힘이 걸
린다. 이것이 회생 브레이크의 작용이
다.

모터가 발전기로 전환되면서 만들어지
는 회생 브레이크 효과와 풋브레이크
사이에서의 양쪽 감속기능을 구분해
서 쓰거나 병용하거나 한다.

◑ 회생 브레이크가 작용하는 구조

회생 브레이크가 어느 정도 효과적인지는 체험해보지 않으면 좀처럼 알 수
가 없다. 예를 들면 내연기관 자동차를 1단 기어로 출발시킨 후 전력을 다해
가속시킨 다음에 곧바로 액셀러레이터 페달을 되돌리면 강한 감속력이 걸리
는데 그것과 같은 정도의 효과가 있는 것이다. 그러나 항상 그렇게 강하게 감
속이 되면 오히려 위험할 수 있으므로 부드럽게 엔진 브레이크가 듣는 정도
의 세기로 조정이 되고 있다.

인휠 모터와 브레이크

인휠 모터는 타이어가 조립되어 있는 휠 림의 안쪽에 소형 모터를 배치한 전기 자동차만의 구동방식이다. 그곳은 내연기관 자동차에서는 브레이크 시스템이 배치되어 있었던 곳이다.

01 스프링 아래 중량

브레이크는 자동차의 안전에 필수적인 중요 보안 부품으로 소홀히 취급할 수가 없으며, 인휠 모터를 채용할 경우라도 우선 브레이크를 정확하게 탑재하는 것이 전제이다. 그래서 **모터**를 차축이 있는 **허브**에 장착하게 된다.

그런데 모터가 휠 림에서 가급적 바깥쪽으로 돌출되지 않도록 소형화가 추구된다. 소형화하면 모터도 간단하게 완성되기 때문에 자동차 용어에서 자주 사용되는 **스프링 아래 중량의 경감**에도 공헌한다.

스프링 아래 중량이란 그 말대로 서스펜션을 형성하는 스프링의 아래쪽에 위치하는 부품을 말하며, **스프링 위 중량**은 자동차의 차체가 된다. 스프링 아래의 무게가 특히 주목되는 이유는 스프링 아래에 배치되는 부품의 상징적인 것이 타이어, 휠 림이지만 이것이 노면의 영향을 받아서 항상 상하로 움직인다. 무거운 것이 상하로 움직이면 그 진동을 제어하기 어려워지므로 **스프링 아래는 가벼운 것이 좋다.** 라는 것이 정설이다.

02 소형 모터로 스프링 아래의 중량을 가볍게

그런데 **타이어, 휠 림** 외에 **브레이크**와 **모터**가 배치되는 **인휠 모터**의 전기 자동차는 스프링 아래 중량이 무거워지기 때문에 인휠 모터에 사용하는 모터는 소형이고 가벼운 것이 바람직하다. 그러나 모터가 소형이면 출력도 작아진다.

하지만 인휠 모터를 적용하는 전기 자동차는 2륜 뿐만 아니라 4륜 모두에 모터를 장착하여 부족한 출력을 보완할 수 있다. 그리고 감속비를 이용하는 것도 생각해 볼 수 있다.

속업소버를 피하면서 타이어 휠 지름 내에 모터 유닛 전체를 수용한다. 당연히 가급적 가벼운 것이 좋다.

기존의 기계식 브레이크와 함께 배치되어 제동 시에는 모터쪽에서 에너지를 회생한다. 협조 제어가 필수적이다.

◑ 인 휠 모터의 배치 위치

허브 베어링측

스트럿측

◉ 감속기를 내장
출력 축(A) 허브 베어링 면에는 기어식의 감속 기구를 거쳐 회전수를 낮춰 모터 축(B)으로 동력이 전달된다.
NTN의 NEV에 사용되는 모터의 출력은 0kW의 것이 개발되었다. 좌우에서 합계 60kW이다.

◑ 인휠 모터의 구조

진공식 배력 장치

브레이크 페달의 답력(踏力)을 보조하는 것이 진공 배력 장치인 부스터이다. 이것이 장착되기 때문에 브레이크 페달을 가볍게 밟더라도 1톤 이상의 무게가 나가는 자동차가 시속 100km로 달리다가도 급정지하는 것이 가능한 것이다.

01 대기압의 차이를 이용하는 장치

답력
밟아 누르는 힘을 말한다.

진공 배력 장치란 우리가 사는 지상의 공기가 지닌 압력인 대기압과 그것보다 낮은 진공 체임버를 설치하고 그 압력차에 의해서 브레이크 페달을 밟는 힘이 약하더라도 정확히 브레이크가 작동되도록 하는 장치이다.

대기압보다 낮은 진공을 만드는 방법은 내연기관 자동차에서는 엔진 안으로 빨아들이는 흡기를 이용한다. 파이프 속을 공기가 힘차게 흐르면 파이프 속의 압력이 내려가는 현상이 일어난다. 그 압력이 내려가는 현상을 이용하고, 흡기관에서 진공 배력 장치로 통로를 연결하여 압력이 낮은 진공을 만드는 것이다.

02 진공 펌프로 진공을 만든다.

진공식 배력 장치
엔진 흡기 다기관의 진공과 대기압의 압력 차이를 이용하여 브레이크 페달을 밟았을 때 큰 제동력을 얻도록 하는 장치이다.

전기 자동차에는 엔진이 없기 때문에 **진공 펌프**를 사용하게 된다. 진공 펌프는 모터로 작동되는 펌프를 사용하여 체임버 속의 공기를 밖으로 빼내는 장치이다. 이렇게 하여 진공 배력 장치에서 필요로 하는 **진공 체임버**를 배치하는 것이다. 진공 펌프를 작동하기 위한 전기는 다른 보조 기기에서도 사용되는 12V용 납 배터리이다. 그 전기는 구동용 배터리에서 보충된다.

이렇게 배력 장치로서의 기능을 충족시키지만 진공 펌프는 소음을 발생을 발생하기 때문에 귀에 거슬리는 경우가 있어 진공 펌프 대신에 **유압 펌프**를 사용하는 것도 생각해 볼 수 있다. 브레이크 장치에 배관되어 있는 브레이크 오일 자체에 펌프로 압력을 주는 것이다.

그러나 여기에도 펌프를 작동하는 것에 의한 소음을 없앨 수가 없다. 진공 펌프와 유압 펌프 중 어느 것을 선택할 지는 소음의 크기와 더불어 납 배터리의 전력 소비량 등도 함께 고려해서 생각하여야 한다. 전력 소비가 크면 구동용 배터리의 소모가 빨라져 전기 자동차의 주행거리에 영향을 미치기 때문이다.

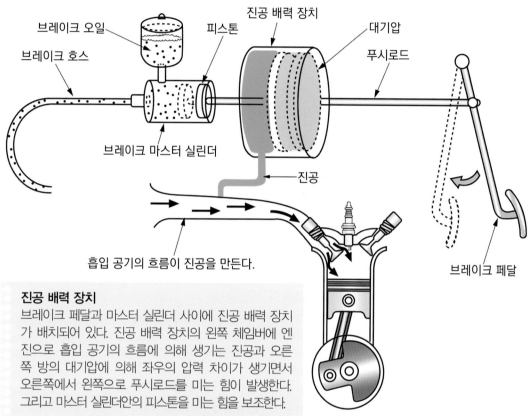

진공 배력 장치

브레이크 페달과 마스터 실린더 사이에 진공 배력 장치가 배치되어 있다. 진공 배력 장치의 왼쪽 체임버에 엔진으로 흡입 공기의 흐름에 의해 생기는 진공과 오른쪽 방의 대기압에 의해 좌우의 압력 차이가 생기면서 오른쪽에서 왼쪽으로 푸시로드를 미는 힘이 발생한다. 그리고 마스터 실린더안의 피스톤을 미는 힘을 보조한다.

◑ 내연기관 자동차용 진공 배력 장치의 구조

◑ 전기 자동차에서 사용되는 진공 펌프

브레이크 시스템

전기 자동차나 내연기관 자동차에서 공통으로 사용하는 유압식 풋(foot) 브레이크 시스템을 알아보자.

01 디스크 브레이크란?

브레이크가 작용하는 순서는 다음과 같다.

운전자가 **브레이크 페달**을 밟으면 유압을 만드는 브레이크 **마스터 실린더** 안의 피스톤이 움직여 브레이크 오일이 실린더에서 밀려나간다. 밀려나간 브레이크 오일은 배관을 통하여 4개의 타이어로 전달된다. 타이어를 조립한 휠 림의 내측에는 **디스크 브레이크** 또는 **드럼 브레이크**의 브레이크 장치가 설치되어 있다.

디스크 브레이크는 금속제의 **디스크**와 그 디스크의 회전을 멈추려고 하는 **브레이크 패드**(마찰재)를 장치한 **브레이크 캘리퍼**의 조합이다. 브레이크 마스터 실린더에서 밀려나온 브레이크 오일은 4개 타이어의 브레이크 캘리퍼에 그 압력을 전달하여 캘리퍼에 내장된 피스톤의 작용으로 브레이크 패드를 디스크에 밀어붙인다. 그러면 디스크와 브레이크 패드 사이의 마찰에 의하여 자동차는 속도를 낮춰 정지하게 되고 이때 마찰에 의해 발생된 열은 공기 중으로 방출하게 된다.

다시 말하면 자동차가 주행하는 속도를 마찰을 이용하여 열로 바꾸어 공기 중으로 방출시키는 열 교환 장치가 브레이크인 것이다. 이 열 교환에 따라 속도를 낮추는 구조는 자동차에 한하지 않고 자전거 등 다른 교통수단의 브레이크도 마찬가지이다.

> **브레이크 패드**
> 디스크 브레이크에 사용하는 마찰재가 부착된 판을 말한다.

02 드럼 브레이크

드럼 브레이크도 속도를 열로 바꾸는 방법은 마찬가지이다. 다만, 디스크 대신에 **드럼**이 사용되고 브레이크 패드는 **브레이크 슈**brake shoe(이것도 마찰재)가 드럼의 내측에 장착되는 부품으로 바뀐다. 그 브레이크 슈가 드럼의 내측에서 드럼에 접촉하며 마찰을 일으키는 방식이다.

현재, 브레이크의 주류는 **디스크 브레이크**이다. 그 이유는 마찰에 의해 발생되는 열을 공기 중으로 방출하기 쉬운 구조로 되어 있기 때문이다. 그렇지만 브레이크의 부담이 적은 후륜에서는 아직도 **드럼 브레이크**가 사용되고 있다.

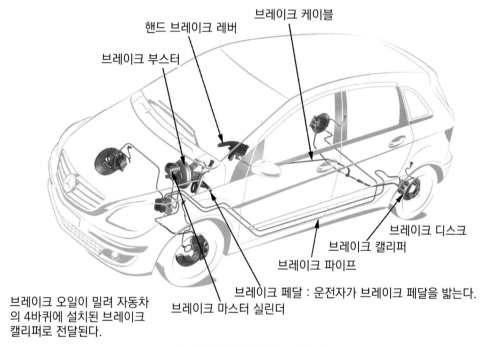

핸드 브레이크 레버

브레이크 케이블

브레이크 부스터

브레이크 디스크

브레이크 캘리퍼

브레이크 파이프

브레이크 페달 : 운전자가 브레이크 페달을 밟는다.

브레이크 오일이 밀려 자동차의 4바퀴에 설치된 브레이크 캘리퍼로 전달된다.

브레이크 마스터 실린더

◗ 브레이크가 작용하는 시스템

브레이크는 위의 그림과 같이 운전자의 페달 조작력이 4개의 바퀴로 전달되어 작용하지만 사실은 앞바퀴와 뒷바퀴는 브레이크의 제동력이 다르다. 앞바퀴의 제동력이 더 크게 작동된다. 탈것이 감속하려고 할 때 타고 있는 사람은 앞으로 고꾸라질 듯한 자세가 된다. 그것은 앞쪽의 브레이크를 강하게 작동시킬 필요가 있다는 것을 나타내고 있다. 브레이크 마스터 실린더 안에 앞뒤의 브레이크 배분을 실행하는 기구가 조립되어 있다.

09

ABS

ABS란 Anti-Lock Brake System의 머리글자를 딴 명칭이다. 급브레이크를 작동시켰을 바퀴의 고정을 방지하여 핸들을 조작하여 위험을 회피할 수 있게 하는 장치이다.

01 급브레이크 시에도 핸들 조작을 가능하게 한다

위험에 처하였을 때 급 감속을 하면서 핸들을 조작하는 대로 회피하는 일은 가급적 일어나지 말아야 하겠지만 만일의 경우로서 자동차 주행 중에 일어나지 않으리라는 법은 없다.

급브레이크를 작동시켰을 때 속도의 빠르기나 노면 상황에 따라서는 자동차가 아직 정지하지 않았음에도 불구하고 **타이어가 회전을 멈추는 경우**가 있다. 이른바 타이어가 미끄러지고 있는 상황이다. 이런 상황에서는 타이어가 노면 위를 미끄러질 정도이기 때문에 동시에 핸들 조작을 하더라도 자동차의 진로를 바꿀 수가 없다. 위험을 피하기 위해서는 자동차의 방향이 운전자가 의도하는 대로 바꾸어지지 않으면 안 된다. 그래서 개발된 것이 ABS이다.

> **ABS(anti-lock brake system)**
> 주행 중 자동차를 제동할때 타이어의 로크를 방지하는 예방 안전 장치이다.

02 순간적으로 제동력을 약하게 하여 타이어를 회전시킨다

ABS는 운전자가 브레이크 페달을 밟고 있는 동안에도 일시적으로 제동력을 약화시켜 타이어가 회전할 수 있도록 해 준다. 타이어의 회전 상태가 지속되면 속도가 낮아지지 않기 때문에 **타이어가 회전한 뒤에 다시 브레이크를 강화**시킨다. 이러한 상태의 반복을 짧은 시간에 몇 번이나 자동적으로 반복하는 장치가 ABS이다. 일련의 작동은 모두 **컴퓨터**가 관리 실행한다.

이렇게 급브레이크를 밟고 있는 중이라도 타이어가 회전과 멈춤을 반복적으로 계속하여 핸들을 조작하는 대로 자동차가 방향을 바꾸어서 위험을 회피할 수 있게 된다.

> **제동력**
> 기계, 차량 등의 운동을 조절하거나 멈추게 하는 힘을 말한다.

컴퓨터가 관리 실행하는 일련의 조작은 운전자 자신이 브레이크 페달을 짧게 밟았다 떼기를 반복하는 방법으로 조절함으로써도 실현할 수도 있겠지만 그러나 위험에 직면하여 평상심으로 운전 조작을 계속할 수 있는 사람은 흔치않을 뿐더러 컴퓨터만큼 짧은 시간에 반복적으로 하는 것은 결코 누구라도 할 수 있는 운전 조작은 아니다.

① 왼쪽 앞의 타이어가 잠긴 경우 그 정보는 휠 스피드 센서로부터 ABS 컴퓨터로 전해진다.
② ABS 컴퓨터는 자동차의 각도로부터 판단하여 액추에이터로 브레이크 유압을 약화시키라는 지시를 내리면 액추에이터가 왼쪽 앞 브레이크의 유압을 낮춘다.

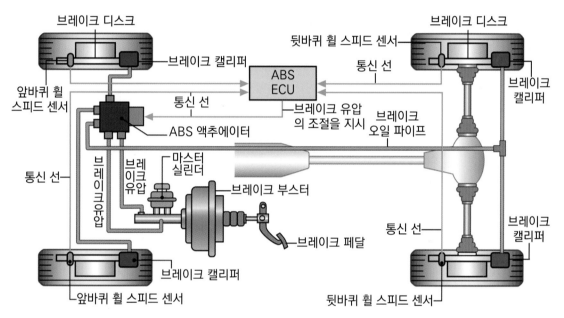

◑ ABS의 시스템도

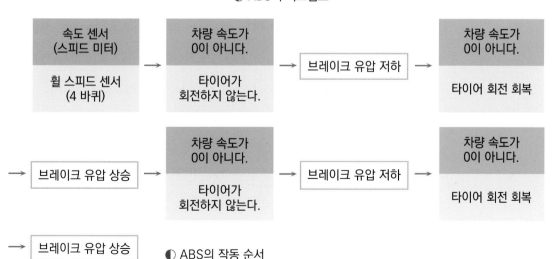

◑ ABS의 작동 순서

자세 제어 장치ESC

자동차가 커브 길에서 도로를 벗어나려 하거나 좌우 타이어의 접지 상태가 다르게 한 쪽 타이어만 빙결 도로 등에서 미끄러지거나 하는 경우에도 도로를 벗어나지 않도록 하여 계속 주행할 수 있도록 해 주는 것이 자세 제어 장치이다.

01 만일의 운전 조작 미스에 대처

자동차가 커브에 도달했을 때 안전하게 돌아나갈 수 있는 속도까지 감속하는 것은 운전의 기본이다. 그러나 커브를 돌 때 상태를 잘못 예측하여 속도 초과의 상태로 커브를 돌기 시작하는 등의 운전자 실수가 일어나지 않는다고는 말할 수 없다. 이때 자동적으로 4개의 타이어 중 1바퀴에 브레이크를 작동시켜 속도를 낮추면서 커브를 벗어나지 않도록 하는 기능이 있다.

예를 들면 커브의 바깥쪽으로 벗어날 것 같은 **언더 스티어링**Under steering**상황**이 예상되면 커브 **안쪽의 뒷바퀴에만 브레이크를 작동**시켜 자동차를 커브길 도로의 중앙쪽으로 되돌리려는 힘이 작용한다.

한편 커브를 돌다 당황한 운전자가 급히 핸들 조작을 하는 바람에 오히려 자동차가 커브의 안쪽으로 파고 들어가는 상황이 되거나 그 결과로 뒷바퀴가 옆으로 미끄러지면서 스핀하려는 움직임이 감지되는 경우는 **커브 바깥쪽의 앞바퀴에만 브레이크를 작동**시켜 안쪽으로 파고 들어가는 **오버 스티어링**Over steering을 억제한다.

이렇게 일부의 타이어에만 브레이크를 작동시킬 수 있는 것은 ABS가 4바퀴에 개별적으로 브레이크를 작동시킬 수 있는 장치이기 때문으로 **자세 제어 ESC**Electronic Stability Control는 ABS의 응용 기능이다.

02 똑바로 정확히 달리게 한다

한편, 도로가 앞으로 곧게 나있고 핸들도 직진 상태에서 운전자가 잡고 있음에도 불구하고 좌우 타이어의 접지면 상태가 달라 자동차의 진로가 제멋대로 움직이려고 하는 경우가 있다. 예를 들면 한쪽 타이어만이 얼어붙은 노면 위에 있는 상황이다. 이 경우 **전동 파워 스티어링**을 사용하여 자동차가 향한 방향과 반대로 핸들을 조작함으로써 직진을 유지시켜준다. 이것은 전동 파워 스티어링(EPS)이야말로 모터의 회전을 자유자재로 제어할 수 있기 때문에 응용할 수 있는 운전지원 기능인 것이다.

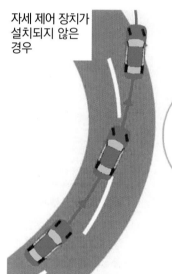

자세 제어 장치가 설치되지 않은 경우

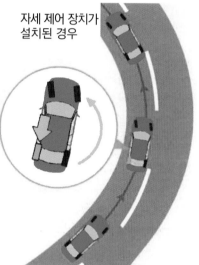

자세 제어 장치가 설치된 경우

오른쪽 앞 타이어가 그립을 잃어버리고 도로의 바깥쪽으로 자동차가 나가려고 할 때 왼쪽 뒤의 타이어에 브레이크를 작동시키면 자동차를 좌회전시키려는 힘이 작용하여 원래 나아가고 싶은 방향으로 수정된다.

◑ 언더 스티어의 제어

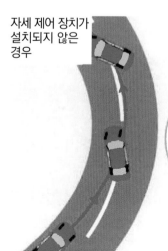

자세 제어 장치가 설치되지 않은 경우

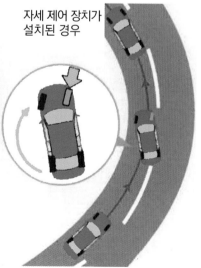

자세 제어 장치가 설치된 경우

오른쪽 뒤의 타이어가 그립을 잃어버리고 자동차가 도로의 안쪽으로 파고들려고 할때 오른쪽 앞의 타이어에 브레이크를 걸면, 자동차를 우회전시키려고 하는 힘이 작용하면서 원래 진행하고 싶은 방향으로 수정된다.

◑ 오버 스티어의 제어

PART
07

패키징
(Packaging)

전기 자동차의 차체와 서스펜션 등 자동차에 불가결한 요소와 구조를 비롯하여 전기 자동차의 다른 점을 소개한다.

또한 부품의 배치 방식이나 공기 저항, 전기 자동차의 향상된 기능 등 내연기관 자동차에서는 실현이 어려운 기능들을 소개하고자 한다.

차체 車體

패키징이란 포장한다는 의미이다. 자동차에서 이 용어가 사용되는 경우 여러 가지의
기능 부품들이 차체라는 틀 속에 장착되어 배치되는 방법이라는 의미로 사용된다.

01 전기 부품은 엔진 부품과 특징이 다르다

전기 자동차의 패키징에서 특징적인 것은 **구동용 배터리, 모터, 인버터, 충전기** 등 기능 부품의 모양이나 크기에 따른 배치 방법이다. 그리고 배관이나 연결 축인 원통 형상과 봉 형상이 적고 배선이라는 비교적 배치가 자유로운 연결 부품을 이용한다. 또한 엔진 수준으로 고온이 되는 부품이 없으므로 전기 자동차의 패키징은 내연기관 자동차와는 달라진다.

02 부품을 설치하는 장소의 자유도가 자동차를 변화시킨다

이미 앞서도 소개한 바와 같이 구동용 배터리는 크고 무거운 것이다. 그러나 리튬이온 배터리의 등장으로 소형 고성능화 할 수 있었기 때문에 차체의 바닥 아래에 배치하는 것이 가능하게 되었다. 그렇게 큰 부품을 바닥에 평평하게 배치하는 것이 가능해져 바닥 위의 **승객실**이나 **트렁크**를 내연기관 자동차보다 훨씬 자유롭게 설계할 수 있게 되었다.

모터는 그 사용 방법에 따라 **인휠 방식**을 활용할 수 있다고 소개하였다. 이렇게 하면 엔진과 같이 바닥 위에 배치하던 부품의 하나가 줄어든다. 인버터나 **충전기** 등은 반도체 소자 등을 모아놓은 상자 속에 들어가 있으므로 네모난 상자를 차체의 어느 곳에 배치할지 그 장소는 자유롭게 선택할 수 있다.

배터리와 모터, 인버터나 발전기도 발열을 하기 때문에 냉각을 고려할 필요가 있지만 엔진과 같이 1,000℃ 가깝게 되는 경우는 없다.

인버터
직류 전력을 교류
전력으로 변환하는
장치를 말한다.

단열 가능한 장소(엔진룸)라는 제약이 적어진다. 이러한 부품 배치의 자유도가 높은 패키징을 어떻게 활용하는가에 따라 전기 자동차의 매력이 좌우된다.

◗ 닛산 [리프]의 차체

◗ 닛산 EV 전용 플랫폼

플랫폼이란 차체의 골격이 되는 바닥의 구조이며, 그 위에 승객실 등을 형성하는 차체가 놓여진다. 그리고 플랫폼에 서스펜션 등 주행을 위한 기능이 추가되면 **섀시**Chassis라고 불리게 된다. 전기 자동차 전용의 설계가 이루어짐에 따라 플랫폼의 바닥 위에 넓은 공간을 확보할 수 있게 되었다는 것을 알 수 있다.

02

충격 흡수 차체 구조

만일 충돌 사고가 일어나면 자동차 중량의 몇 배에 해당 되는 힘이 가해진다. 그 충격이 사람의 몸에 악영향을 끼치는 것은 말할 필요도 없다. 이 강한 충격을 조금이나마 완화시키려는 것이 충격 흡수 차체 구조이다.

01 유연하면서 단단한 충격 흡수 구조의 차체

충돌 시 차체에 큰 힘이 가해지면 앞뒤의 유연한 부위에서 찌그러지기 쉽게 하여 충격을 흡수한다. 골판지 한 장으로는 말랑말랑하지만 상자의 형태로 만들면 상당히 견고해지게 되는데 이와 같이 강판을 상자 형태로 차체를 조립함으로써 일반적인 세기와 만일의 충격에 대한 유연성을 겸비할 수 있게 하는 것이다. 이렇게 하여 충돌 시에는 상자의 공간 부분이 찌그러짐으로 힘을 흡수하여 충격을 완화시키게 된다.

그렇다 해도 충격이 완벽하게 없어지는 것은 아니다. 그 충격에 의해서 승객실이 찌그러지고 승객이 있는 공간까지 찌부러지지 않도록 승객실은 집과 마찬가지로 튼튼한 기둥을 설치하여 단단하게 만든다. **이것이 유연성과 견고성을 겸비한 충격 흡수 차체**의 구조이다.

02 힘의 분산으로 충격을 흡수한다

그러면 측면 충돌은 어떻게 할까. 차체의 측면에도 앞뒤와 동일하지는 않지만 차체의 외판과 승객실과의 사이에 공간을 설치하고 그곳에서 충격을 조금이라도 완화시킨다. 동시에 승객실을 보호하는 **기둥을 이용하여 충격의 힘을 승객실의 사방으로 분산시킨다**. 충돌은 부분적으로 힘이 가해지는 것이 대부분이며, 그 힘을 승객실의 기둥 구조를 사용하여 분산시킴으로써 충격력을 잘게 나누어 충격을 완화하게 한다는 방식이다. 이 방법은 차체의 앞뒤에서도 활용되고 있다.

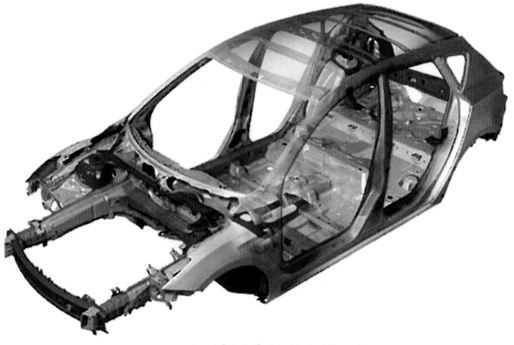

◐ 마쯔다 [액세라] 충돌 안전 강화 보디

◐ 오프 충돌 (좌 : 액세라)·측면 충돌(우 : 골프)

충돌 안전 실험장 내에서 이루어진 각 충돌에서의 차체가 찌그러지는 방식을 보여주는 사진이다. **오프셋**이라는 것은 실제의 교통사고를 상정하고 차체의 반 정도에 상대가 부딪치는 상황을 실험용으로 재현한 방법이다. 오프셋 앞면 충돌, 측면 충돌 실험에서도 실제 자동차 차체의 강도를 모의模擬한 배리어(차단벽)를 차체에 부딪친다. 그 결과 차체의 끝 부분은 크게 찌그러지지만 승객실 부분은 찌그러지지 않고 남아있어 승객의 생존 공간이 확보되고 있다는 것을 보여준다.

공력空力

공기는 속도가 빨라짐에 따라 그 저항을 느낀다. 사람도 달리면 몸에 풍압을 느낀다. 이것이 공기 저항이다. 저항이 적을수록 주행하기 쉬워지고 에너지의 소비가 적어져 효율이 좋아지며, 에너지 절약도 된다. 전기 자동차도 마찬가지이다.

01 속도의 2승으로 증가되는 저항

공기 저항은 속도의 상승에 대해 2승으로 커진다. 즉, 속도가 2배 빨라지면 공기 저항은 4배로 커지게 되는 것이다. 그래도 자동차의 속도가 빠른 만큼 목적지에 빨리 도착할 수 있기 때문에 전기 자동차일지라도 속도를 무시할 수는 없다.

공기 저항은 속도의 크기뿐만 아니라 물체의 형태에 따라서도 크기가 결정된다. 자연계에서 보면 새나 물고기는 유선형으로 되어있는데 이것은 공기나 물의 저항이 가장 적은 형태이며, 이러한 모양이 아니면 새나 물고기는 먼 거리를 여행할 수 없다. 저항에 부딪치며 힘이 모두 소진되기 때문이다. 마찬가지로 자동차에서도 일어난다. 특히 전기 자동차는 내연기관 자동차에 비해 동물과 마찬가지로 유선형에 가깝게 디자인 할 수도 있다.

02 전기 자동차이기에 가능한 공력空力

공력
공기의 흐름 중에 놓인 물체가 그 공기의 흐름에 의하여 받는 힘을 말한다.

이제까지 내연기관 자동차의 스타일에 제약이 있었던 것은 고온의 엔진을 냉각하기 위한 라디에이터 때문이었다. 엔진의 냉각수를 높은 효율로 냉각시키기 위해서는 라디에이터를 바람에 정면으로 마주보게 하는 것이 제일 좋다. 따라서 바로 라디에이터 정면에 설치되어 있는 라디에이터 그릴에 구멍이 나있다. 이 구멍으로 공기가 흘러 들어가 라디에이터를 냉각시킨 후에 차체의 안쪽을 흘러 밖으로 배출하는데 공기의 흐름을 자동차 속으로 받아들이는 것은 저항이 된다.

태풍으로 집이 날아가는 것도 날아갈 정도로 강한 힘을 집 안으로 넣기 때문이다. 전기 자동차는 **라디에이터 그릴이 필요 없기 때문에 공기 저항을 줄일 수 있을** 뿐만 아니라 외형 스타일의 자유도 면에서 이제까지와는 달라질 것이다.

◑ 닛산 [리프]는 헤드라이트 디자인을 통해 공기의 흐름을 제어

◑ 차체 바닥 아래의 공기 흐름도 중요

배터리 수납 프레임

배터리는 충격을 받으면 안 되는 정밀 부품이기 때문에 견고한 케이스에 넣어져 있다.
그 케이스가 부차적인 효능을 발휘한다.

01 충돌에도 강한 튼튼한 케이스

구동용 리튬이온 배터리는 충격으로부터 보호가 필요한 정밀 부품으로 엄밀한 환경에서의 생산이 필요하다. 그리고 100개 전후의 셀을 연결하여 수백 볼트(V)라는 고전압을 발생시키기 때문에 외부로부터 간단히 내부에 접촉될 수 있어서는 곤란하다. 그래서 튼튼한 프레임 구조로 보호되고 있다. 그 결과 예기치 않은 충돌이 일어나더라도 배터리에 직접 손상이 미치지 않도록 되어 있다.

그리고 배터리는 고장이 일어나지 않도록 충전이나 방전의 관리를 컴퓨터로 실행하고 있지만 그래도 만약이라는 최악의 사태를 고려하는 것이 자동차 개발의 현장이다. 그래서 튼튼한 케이스로 보호되는 배터리는 반대로 배터리가 고장이 생기더라도 외부로 피해가 가지 않는 보호막이 되기도 하다.

02 차체 강성剛性의 강화에도 도움이 된다

튼튼한 **배터리 수납 프레임**을 차체의 바닥에 설치함으로써 차체가 한층 더 튼튼해지기도 한다. 보통, 자동차가 주행하고 있을 때에도 노면의 영향 등에 의해 타이어가 상하로 진동이 일어나거나 노면의 굴곡을 타이어가 타고 넘을 때의 충격이 차체에 가해지기도 한다. 진동이나 충격은 서스펜션 스프링이나 쇽업소버가 감쇠시키지만 서스펜션의 기능이 충분히 달성되기 위해서는 견고한 강성을 구비한 차체가 필요하다.

강성
물체의 단단한 성질을 말한다.

차체가 연약해서는 노면에서의 충격이 서스펜션으로 흡수되지 않고 차체 자체도 진동하게 된다. 전기 자동차는 내연기관 자동차와 같은 현상이 차체의 강성을 구축한 다음에 배터리 수납 케이스가 바닥을 단단히 지지하므로 때문에 보다 더 튼튼한 차체의 강성을 얻을 수 있다. 그것은 승차감이나 충돌 안전에서 더욱 위력을 발휘한다.

◑ 닛산 [리프]의 바닥 아래에 배터리가 탑재된 투시도

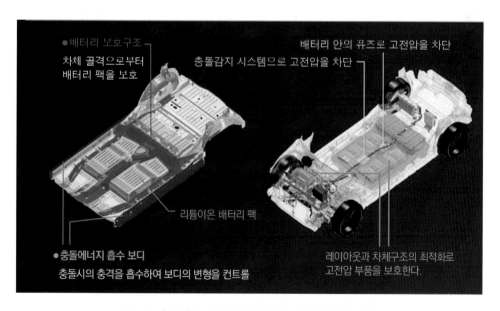

◑ 닛산 [리프]의 차체 바닥 구조와 절연(絶緣) 시스템

05

서스펜션

서스펜션은 차체와 타이어 사이에 배치되어 있으며, 양쪽을 지지해주는 기구이다. 서스펜션이 설치되어 있기 때문에 자동차는 보다 빠르게 달릴 수 있고 또 승차감도 좋아진다.

01 다기능이 결집된 기구

만약 서스펜션이 없다면 어떻게 될까. 자동차가 달리면 노면의 울퉁불퉁함이 타이어를 통해서 그대로 차체로 전달되기 때문에 상하의 진동이 심하여 긴 시간 타고 있을 수 없을 것이다. 예를 들면 유원지 등에 있는 고 카트go-cart는 서스펜션이 없는 자동차의 일례라고 말할 수 있다.

사람에게 있어서의 **승차감**뿐만 아니라 자동차가 속도를 높여갈 때에는 타이어가 정확히 노면에 접지 되지 않으면 엔진이나 모터의 구동력을 노면으로 전할 수 없다. 도로의 요철이나 굴곡이 있더라도 타이어가 항상 노면에 접지되어 있어야 속도를 높일 수 있기 때문에 서스펜션은 주어진 역할을 완수하고 있는 것이다.

> **고 카트(go-cart)**
> 어린이가 타고 노는 소형 자동차. 엔진과 프레임 및 1인승 좌석이 있으며, 오락용이나 경기용으로 이용한다.

02 몇 개의 핵심 부품으로 구성된다

서스펜션은 차체와 타이어를 연결하는 **서스펜션 암**과 차체를 지지하는 **스프링**, 상하의 진동을 흡수하는 **쇽업소버**, 차체의 기울어짐을 억제하는 **스태빌라이저**로 구성된다.

① 서스펜션 암의 역할은 타이어의 움직임과 차체가 연동한다.
② 스프링의 역할은 타이어 위에 차체를 지지하고 동시에 타이어를 상하로 움직여 노면에서의 추종(追從)을 좋게 한다.
③ 쇽업소버의 역할은 한 번 일어난 진동이 언제까지나 계속되지 않도록 재빠르게 제어한다.
④ 스태빌라이저는 좌우 서스펜션을 연결하여 커브에서도 차체가 기울어지는 것을 알맞게 억제한다.

서스펜션이라는 하나의 단어로 기구를 표현하지만 이처럼 몇 개의 기능 부품들의 집합체인 것이다. 이들 기능 부품의 배치 방식에 따라 서스펜션의 형식에는 여러 종류가 있다. 기본은 더블 **위시본식**이나 **맥퍼슨식**이다.

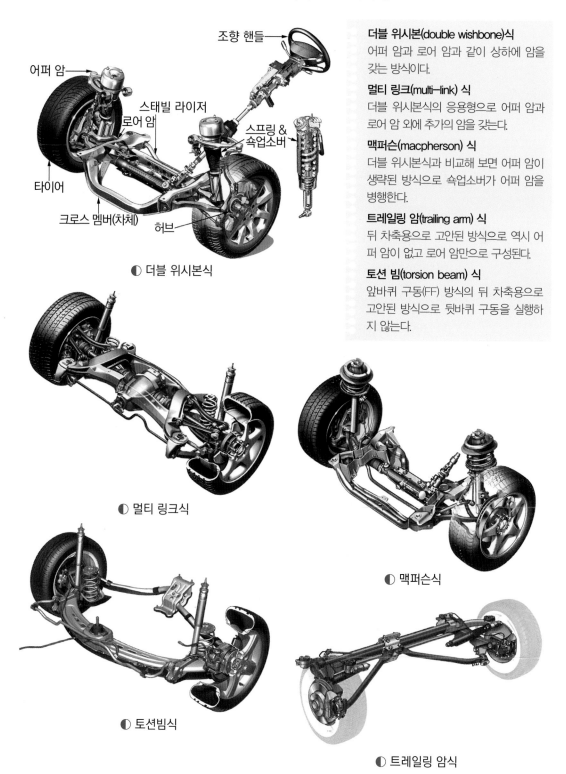

조향 핸들

어퍼 암

스태빌 라이저

로어 암

스프링 & 쇽업소버

타이어

크로스 멤버(차체)

허브

● 더블 위시본식

더블 위시본(double wishbone)식
어퍼 암과 로어 암과 같이 상하에 암을 갖는 방식이다.

멀티 링크(multi-link) 식
더블 위시본식의 응용형으로 어퍼 암과 로어 암 외에 추가의 암을 갖는다.

맥퍼슨(macpherson) 식
더블 위시본식과 비교해 보면 어퍼 암이 생략된 방식으로 쇽업소버가 어퍼 암을 병행한다.

트레일링 암(trailing arm) 식
뒤 차축용으로 고안된 방식으로 역시 어퍼 암이 없고 로어 암만으로 구성된다.

토션 빔(torsion beam) 식
앞바퀴 구동(FF) 방식의 뒤 차축용으로 고안된 방식으로 뒷바퀴 구동을 실행하지 않는다.

● 멀티 링크식

● 맥퍼슨식

● 토션빔식

● 트레일링 암식

스프링과 쇽업소버

서스펜션의 상하 움직임을 제어하는 것이 스프링과 쇽업소버이다. 그 기능이나 배치의 방식에 따른 서스펜션의 종류를 소개한다.

01 스프링과 쇽업소버의 작용

스프링은 일상적으로도 많은 사람이 잘 알고 있는 것이다. 충격을 완화하는 작용과 더불어 자동차에서는 차체를 지지하는 역할을 완수하고 있다. 그러므로 무거운 자동차에서는 단단한 스프링을 사용한다. 그러나 지나치게 단단한 스프링을 사용하면 상하로 움직이기 어려워지는 것은 말 할 필요도 없다. 또한 승차감이 딱딱한 자동차가 된다.

쇽업소버는 실린더와 피스톤으로 이루어져 속에 액체가 들어있어 피스톤의 상하 움직임에 따라 작은 구멍을 통해 액체가 실린더 속으로 이동한다. 주사기 속의 액체를 밀어낼 때 저항을 느끼는 것과 같이 쇽업소버는 작은 구멍을 통과하는 액체의 저항을 이용하여 진동을 감쇠시킨다.

감쇠
힘이 점점 쇠약하여 감소되어 가는 것을 말한다.

02 서스펜션의 형식에도 관계

스프링과 쇽업소버는 별도의 부품이지만 하나로 묶은 것이 맥퍼슨 형식의 스트럿이라고 불리는 부품이다. 그리고 이 스트럿을 사용하여 서스펜션 암을 생략하는 경우도 있다.

서스펜션 형식의 기본은 더블 위시본 형식과 맥퍼슨 형식이라고 소개하였다. 더블 위시본식은 자동차를 앞에서 보았을 때 위와 아래에 암이 있는 형식이며, 이에 반해 맥퍼슨 형식은 암이 아래에만 있다. 스프링과 쇽업소버를 하나로 정리한 스트럿이 위의 암 대용품이 되는 것이다.

부품의 가짓수가 줄어들면, 자동차 제조에서 비용의 절감이 가능해 가격 저하로 이어진다. 스트럿식은 자동차의 합리화 면에서 고안된 것이다.

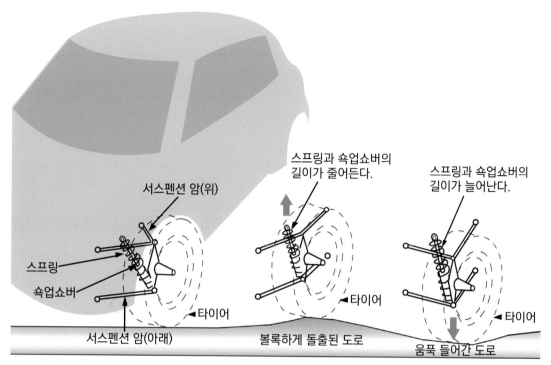

● 진동을 흡수하는 서스펜션의 작동

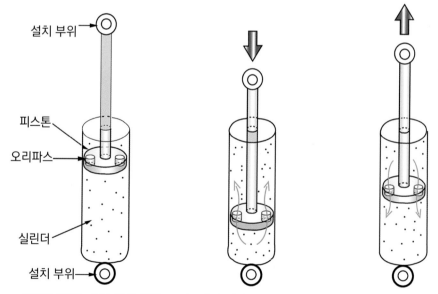

실린더 안에는 피스톤의 상하 양쪽에 오일이 들어있다.

피스톤이 내려오면 오리피스에서 오일이 위의 실린더로 이동

피스톤이 올라가면 오리피스에서 오일이 아래의 실린더로 이동

오리피스는 구멍이 작기 때문에, 좀처럼 상하의 실린더로 이동하기 어려우며, 피스톤을 밀거나 당길 때 저항이 되어 감쇠 효과가 있다. 오리피스 한쪽에 밸브가 설치되어 있는 형식의 단동식과, 양쪽에 밸브가 설치되어 있는 형식의 복동식이 있다.

● 쇽업소버의 구조

07

스태빌라이저

스태빌라이저란 자동차뿐만 아니라 배나 비행기 등에서도 사용되고 있다. 커브를 돌 때 자세를 안정시켜 롤링을 방지하는 기능을 한다.

01 스태빌라이저의 역할

커브를 돌 때 자동차의 차체가 기울어진다. 크게 기울어지면 전복될 위험성이 있기 때문에 차체가 그다지 기울어지지 않도록 하는 것이 커브에서의 안정성을 높인다. 서스펜션의 스프링이 단단하면 타이어의 상하 움직임이 어려워진다. 그러므로 커브를 돌 때에도 단단한 스프링을 사용한 자동차는 차체가 잘 기울어지지 않아 안정성이 높아진다.

한편, 스프링을 너무 단단하게 하면 타이어가 노면에서 받는 충격이 차체에 그대로 전달되기 쉽고 승차감이 나빠진다. 승차감을 좋게 하려면 유연한 스프링을 선택하는 것이 좋다. 유연한 스프링을 선택하면서도 **커브에서의 차체 기울기를 억제하여 롤링을 방지하는 것**이 바로 **스태빌라이저**의 역할이다.

> **롤링**
> 주행 중 자동차가 선회하거나 횡풍을 받을 때 중심을 통과하는 차체의 앞·뒤 방향 축 둘레의 회전 운동을 말한다.

02 스태빌라이저의 구조

스태빌라이저는 좌우의 서스펜션을 연결한 스프링 강으로 만든 둥근 막대로 되어있어 아주 간단한 부품이다. 타이어가 도로 위의 돌기를 타고 넘을 때, 좌우 타이어가 동시에 상하 진동을 할 때는 스태빌라이저도 함께 오르내리며 아무런 작용도 하지 않는다.

그런데 커브를 돌 때와 같이 커브 안쪽의 서스펜션이 내려가고 커브 바깥쪽의 서스펜션이 올라가서 차체가 기울어질 때 스태빌라이저가 비틀리기 때문에 원래대로 되돌아가려고 하는 저항력이 작용하여 서스펜션의 상하 움직임을 억제시키고 차체가 기울어지는 것을 잡아주는 작용을 하는 것이다.

스태빌라이저의 굵기를 변경시키면 커브에서의 차체 기울기 상태를 조정할 수 있다. 그렇긴 해도 빈번하게 교환하는 부품이 아니기 때문에 자동차를 개발할 때 한번 결정이 되면 그 후 시판된 다음에는 바꿀 필요가 없다. 그러나 보다 고속으로 주행하는 자동차 레이스용으로 개조하는 경우 등은 굵은 스태빌라이저로 교환함으로써 차체의 기울어짐을 더욱 줄이고 보다 고속으로 커브를 돌기 쉽게 하고 있다.

타이어가 좌우에서 동시에 상하 진동

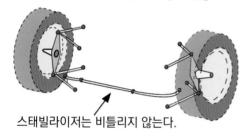

스태빌라이저는 비틀리지 않는다.

타이어의 좌우가 따로 상하 진동

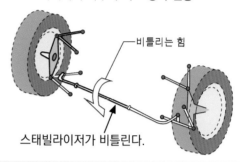

비틀리는 힘

스태빌라이저가 비틀린다.

좌우 타이어가 동시에 상하 진동을 할 때는 스태빌라이저의 양끝도 마찬가지로 상하 진동을 할 뿐 아무런 힘도 발생되지 않는다.

오른쪽 타이어는 올라가고 왼쪽 타이어가 내려가는 상황이라면 스태빌라이저의 끝도 오른쪽이 올라가고 왼쪽은 내려가는 움직임이 되어 비틀린 스태빌라이저가 원래대로 되돌아가려는 저항력이 생기면서 차체의 롤링을 억제한다.

◑ 스태빌라이저의 작용

스태빌라이저는 주로 앞바퀴 쪽에 장착된다. 물론 뒷바퀴 쪽에 장착되는 경우도 있지만 핸들 조작에 의해 회전할 때 먼저 차체가 기울기 시작하는 것은 앞바퀴부터이기 때문에 주행 안정성을 확보한다는 측면에서 앞바퀴에는 거의 반드시라고 해도 좋을 정도로 장착된다.

뒷바퀴는 핸들 조작에 의한 조향이 실시되지 않는다. 그래도 타이어가 도로에 정확히 계속해서 접지되어 있어야 주행 안정성을 확보하는 중요한 역할을 담당하게 된다. 스태빌라이저의 기능에 의해 차체를 기울지 못하게 하는 것, 즉 너무 단단한 스프링에 의한 것이기도 하지만 도리어 도로에서 타이어를 뜨게 만드는 주행 상황도 생각해야 하기 때문에 항상 타이어를 도로에 접지시켜 두고자 하는 생각에서 뒷바퀴에 스태빌라이저를 장착하지 않는 예도 있다.

PART 08

쾌적성과 안전

쾌적한 전기 자동차를 이용하기 위해 없어서는 안 될 냉난방 이야기로 시작한다. 내연기관 자동차와 같은 공조 방식으로는 전력의 소비가 커지므로 새롭고 쾌적한 장비의 제안도 하고자 한다. 그리고 어느 자동차를 막론하고 자동차를 보다 쾌적하고 안전하며, 편리하게 이용하기 위한 첨단 장비도 소개하고자 한다.

이미 실용화되어 있는 장비라도 아직 많이 보급되지 못하고 있는 기능도 있다. 그 기능들이 충실하게 되어감에 따라 전기 자동차를 비롯한 모든 형태의 자동차가 보다 편리해지는 것은 아닐까하는 생각을 해본다.

전기식 에어컨

내연기관 자동차에서는 엔진의 회전을 이용하여 에어컨을 가동시키고 있지만 전기 자동차에서는 그럴 수가 없다. 모두 전기를 사용해서 작동을 시킨다.

01 액체의 증발을 이용해서 냉방

공기 조절기 즉 **에어컨**은 냉기와 온기를 혼합하면서 자동차의 실내 온도를 조절한다. 냉기는 **컴프레서**를 회전시켜서 열을 운반하는 **냉매**를 압축시키며, 온도를 상승시킨다. 이 냉매는 엔진의 냉각수를 식히는 라디에이터와 같은 역할을 하는 **콘덴서**(응축기 ; 열교환기)에서 고압상태로 냉각시킨다.

그다음 빠르게 압력을 낮춤으로써 냉매를 증발시킨다. 여름에 물을 뿌리면 시원해지듯이 액체가 기화하면서 주변의 열을 빼앗아 시원하게 한다. 자동차의 에어컨은 이러한 원리를 이용하고 있다.

우선 컴프레서를 회전시킬 때 내연기관 자동차에서는 엔진의 회전을 활용하지만 전기 자동차에서는 구동용 배터리의 전기를 사용하여, 컴프레서의 모터를 회전시킨다. 에어컨을 사용하면 전기 자동차의 주행거리가 줄어드는 것은 이 때문이다.

02 전기로 물을 데우는 전기 자동차의 난방

다음으로 온기는 어떻게 만드는 것일까? 내연기관 자동차라면 원래 엔진을 식히기 위한 냉각수가 라디에이터에서 냉각되더라도 아직 뜨거운 물 상태로 있으며, 그곳에 바람을 통하게 하면 따뜻한 바람이 되는 것이다. 그 따뜻한 바람을 실내로 보내면 난방이 되는데 엔진이 없는 전기 자동차는 어떻게 하는가.

라디에이터
수랭식 엔진에서 열을 공기 중에 방출하기 위한 장치를 말한다.

현재는 전기로 물을 데워 그 열로 온기를 얻고 있다. 원래 열이 있는 내연기관 자동차에서는 남은 열을 이용하는 데 반해 전기 자동차에서는 구동용 배터리의 전기를 사용하여 물을 데워야하기 때문에 효율이 나빠지게 된다. 특히 난방 시에 전기 자동차의 주행거리가 줄어드는 것은 이 때문이다.

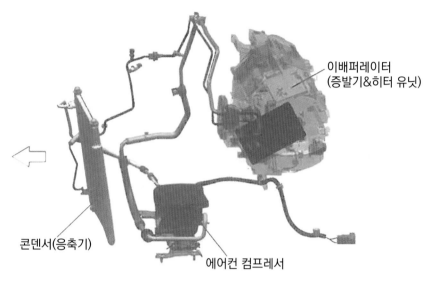

이배퍼레이터
(증발기&히터 유닛)

콘덴서(응축기)

에어컨 컴프레서

◗ 전기 자동차의 냉방 시스템

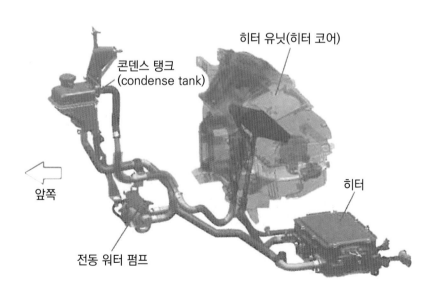

히터 유닛(히터 코어)

콘덴스 탱크
(condense tank)

앞쪽

히터

전동 워터 펌프

◗ i-MiEV의 난방 시스템

시트 히터

전기 자동차의 냉·난방은 내연기관 자동차와는 다른 방법을 강구할 필요가 있을지도 모르겠다. 그렇지 않으면 에어컨을 사용하는 한 전기 자동차의 주행거리를 비약적으로 증가시키는 것 자체가 어려워진다.

01 사람은 어떻게 온도를 느끼는 것일까?

열이 거의 발생하지 않는 전기 자동차에서 열을 만들어 내는 것은 힘든 일이기 때문에 전기로 물을 데우는 것은 다른 방법을 강구할 필요가 있다.

그런데 사람은 어떻게 따뜻함을 느끼게 되는 것일까. 물론 여름에 더위를 느끼듯 공기가 따뜻해지면 따뜻하다고 느낀다. 그런데 그것과는 별도로 온돌이나 휴대용 손난로 등은 공기를 따뜻하게 하기보다 따뜻한 장소나 물체에 몸의 일부를 접촉시켜 몸을 따뜻하게 만든다. 이것도 따뜻함을 취하는 하나의 방법이다. 그리고 이 방법은 에너지 절약으로 이어진다.

02 공기를 따뜻하게 하는 것이 아니라 몸을 직접 따뜻하게 한다

내연기관 자동차에서도 가죽 좌석을 배치하는 고급 자동차에서는 **시트 히터**라는 난방장치가 배치되어 있다. 가죽은 표면이 반들반들하여 섬유로 된 좌석에 비해 겨울에는 만지기만 해도 차갑게 느끼기 때문에 좌석을 따뜻하게 하려는 것이 시트 히터이다.

시트 히터에 사용되는 소비전력은 50~60W 밖에 안 된다. 그것을 좌석과 등받이 등에 사용하더라도 100W 정도이다. 한편, 전기스토브는 400W나 800W를 선택하여 시트 히터의 4~8배의 전력을 사용하면서도 방 전체를 따뜻하게 하려면 시간이 걸린다. 마찬가지로 헤어드라이어는 1500W나 되는 소비전력을 갖고 있지만 머리를 말리는 등의 부분적 효과 밖에는 없어 헤어드라이어로 방을 덥히려고 생각하는 사람은 없을 것이다.

> **펠티에 소자**
> 펠티에 소자(Peltier element)는 열에너지와 전기 에너지의 변환을 이루는 반도체 소자. 열전 발전이나 전자 냉동 등에서 이용한다.

이와 같이 집에서 바닥 난방이나 자동차의 시트 히터는 사람 몸을 직접 따뜻하게 하는 방법으로서 공기를 따뜻하게 하는 것보다 적은 소비전력으로 효과를 높일 수 있는 것이다.

혼다 FCX Clarity 시트

현대 Accent 열선 히터

◑ 자동차 시트 히터

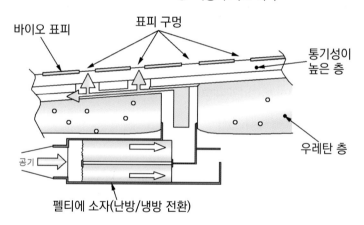

◑ 혼다 FCX Clarity 시트 시트의 구조

혼다기연공업의 연료전지 자동차인 혼다 FCX Clarity에서 장착한 온도 조절 시트는 전류의 방향으로 흡열(냉각 효과)과 발열(난방 효과)의 변환이 가능한 소자를 사용함으로써 좌석으로의 송풍 온도를 조절하고, 직접 승객의 몸에 좌석을 통하여 냉난방 기능을 제공함으로써 실내의 공기 조절을 통한 에어컨의 소비 전력을 억제할 수 있다.

시트 히터는 이미 내연기관 자동차에서도 일부 이용한 예가 있지만 승객의 각 좌석에 냉방과 난방 기능을 구비한 혼다의 온도조절 시트는 전기 자동차에서도 응용 가능한 쾌적한 장비라고 할 수 있다.

03

LED 라이트

LED(Light Emitting Diode)란 전류가 흐르면 발광하는 반도체 소자이다. 백열구 전등에 비해 소비전력이 1/10 정도로 작으며, 전구에서와 같이 필라멘트가 끊어지는 경우가 없으므로 긴 수명이 특징이다.

01 라이트도 에너지 절약

전기 자동차는 모든 기능을 전기에 의존하며, 그 전기는 주행에 사용하는 구동용 배터리에서 보충되기 때문에 모든 기기에서 에너지 절약이 필수적이다. 라이트에도 에너지 절약의 관점에서 **LED**가 적극적으로 활용되고 있다.

이미 내연기관 자동차에서도 **브레이크 램프** 등으로 적용한 예가 늘어나고 있으며, 일부 고급 자동차에서는 **헤드라이트**에도 적용되기 시작하였다. 물론, 전기 자동차에서는 헤드라이트뿐만 아니라 브레이크 램프도 LED를 사용하는 것이 상식화 되고 있다.

브레이크 램프에서 사용되는 적색의 LED는 1980년에 발명되었지만 풀 컬러를 실현하기 위해서 필요한 3원색을 구성하는 청색 LED는 1993년에 발명되었고 이후에 녹색 LED도 완성되어 LED 디스플레이도 상품화할 수 있게 되었다.

02 안전에도 도움이 되는 LED 램프

자동차에 LED 램프가 사용되는 장점은 에너지 절약뿐 만이 아니다. 예를 들면, 널리 채용되기 시작한 브레이크 램프의 경우 운전자가 브레이크 페달을 밟고 나서 램프가 점등될 때까지의 시간이 매우 짧기 때문에 뒤따라오는 자동차가 즉각 브레이크 페달을 밟을 수 있게 되는 것이다.

헤드라이트 뿐만 아니라 브레이크 램프나 테일 램프의 경우에도 전구에서와 같이 필라멘트가 끊어지는 경우가 없어 수명이 길다는 것은 램프의 점등을 항상 정상적으로 유지할 수 있게 되는 것을 의미한다.

헤드라이트는 야간의 시야를 확보해 주고 테일 램프도 뒤따라오는 자동차에게 존재를 알려주거나 브레이크 조작을 알려주는 등 안전주행을 지원하게 되어 한층 더 안심과 안전을 확보할 수 있게 된다.

◑ 현대자동차 코나의 헤드라이트

◑ 현대자동차 코나 테일램프

코너링 라이트

야간에 커브를 돌 때 헤드라이트만으로는 사각지대가 되는 커브 안쪽을 비춰주는 기능이다.

01 헤드라이트는 정면을 비출 뿐

헤드라이트는 자동차의 정면을 향하고 있으며, **상향등**hight beam과 **하향등**low beam으로 구성되어 있다. 하향등은 일반적으로 옆방향도 불빛이 비교적 광범위하게 조사照射 되도록 하고 하이빔은 먼 곳을 조사하도록 배합되어 있다. 그러나 하이빔의 경우 마주 오는 자동차 운전자의 시야를 눈부시게 할 우려가 있기 때문에 가로등의 설치가 적거나 마을에서 떨어진 도로를 주행할 때에만 사용하도록 하고 있다.

헤드라이트는 이와 같이 도로를 주행할 때 편리하게 배광配光하는 시스템이며, 교차점을 돌 때 등 바로 옆에서 접근하는 보행자나 자전거 등을 발견하기 위한 배광은 이루어지지 않는다. 따라서 진행방향의 옆을 비추기 위한 라이트가 코너링 라이트인 것이다.

> **조사(照射)**
> 광선이나 방사선 등을 죄어지는 것을 말한다.

> **배광(配光)**
> 어떤 물체를 비추려고 빛을 보내는 것을 말한다.

02 커브 안쪽으로도 불빛이 조사된다

코너링 라이트는 헤드라이트 바깥쪽, 즉 자동차 옆을 비출 수 있는 위치에 배치되어 있으며, 길모퉁이를 돌 때에 사용하기 때문에 방향지시등을 작동시키기 위해 스위치 레버를 조작하면 코너링 라이트 스위치도 ON되어 회전하려는 골목의 안쪽을 보다 넓게 비출 수가 있다. 자동차가 직진 상태로 돌아가면 방향지시등 스위치 레버가 원래대로 되돌려지며 자동적으로 코너링 라이트가 소등된다.

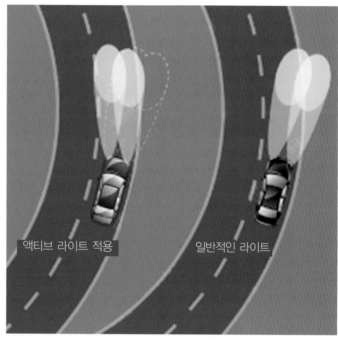

일반적인 헤드라이트는 골목길을 돌 때 뿐만 아니라 커브를 돌 때도 자동차의 진로보다 바깥쪽으로 불빛이 조사되어 커브의 안쪽은 비추기 어렵다. 그래서 커브에서도 자동차의 진행방향을 조사하도록 만든 헤드라이트가 있다. 핸들을 조작하면 조작한 방향으로 헤드라이트의 프레임이 방향을 바꾸는 시스템으로 **액티브 헤드라이트**라고 부른다.

액티브 라이트 적용

일반적인 라이트

◗ 폭스바켄 티구안 코너링 라이트(좌), 벤츠 액티브 헤드라이트(우)

커브 안쪽에 있는 헤드라이트가 커브 안쪽으로 방향을 바꾼다.

◗ 토요타의 어댑티브 프런트 라이팅 시스템
(AFS, Adaptive Front-lighting System)

EV용 미터 표시

전기 자동차에는 내연기관 자동차에 없는 기능도 있기 때문에 미터 표시에도 새로운 내용이 담겨져 있다. 그리고 전기 자동차를 보다 쾌적하게 이용하기 위한 지원 기능도 개발되어 있다.

01 에너지 회수를 표시한다

내연기관 자동차에는 없는 전기 자동차만의 특유의 기능이 회생이다. 자동차가 주행하기 위해 사용한 전기 에너지를 감속 시에 회수하고 배터리에 충전하는 모습이 **파워 미터**에 표시된다. 파워 미터라는 명칭의 기본은 가속할 때의 전력 소비를 나타내는 미터이다. 그리고 그 반대의 존이 전력 회수의 표시가 된다.

이제까지의 연료계를 대신하는 것이 구동용 배터리의 **전력 잔량계**이다. 배터리에 어느 정도의 전기가 남아있는지를 표시하는데 그 내용은 가솔린의 잔량과 같은 방식이다. 회생을 잘 이용하여 운전하면 배터리 잔량계의 감소가 늦춰진다. 주행거리가 한정된 전기 자동차의 이용에 가늠을 주는 것이 항속航速 **가능 거리표시**이다.

앞으로 몇 km를 주행할 수 있을지 알려주는 것으로 목적지까지의 도착이나 자택으로 돌아갈 수 있을지를 운전자에게 예측시키는 정보가 된다. 긴급 사태에서 표시되는 것이 **파워다운 경고등**이다. 구동용 배터리의 잔량이 매우 적어지거나 배터리의 온도 변화로 충분한 출력을 낼 수 없게 되거나 했을 때 표시된다. 아직 주행은 할 수 있지만 전속력으로는 주행할 수 없게 된다.

> 항속
> 배나 비행기의 항행하는 빠르기를 말한다.

02 카 내비게이션에도 새로운 기능

카 내비게이션의 정보에도 전기 자동차의 이용에 대응한 내용이 담겨져 있다. 자동차 회사가 운영하는 정보 센터와의 통신을 활용하여 현재 배터리 잔량으로 앞으로 얼마만큼의 거리를 주행할 수 있을지 그리고 가장 가까운 충전 설비 장소를 지도상에 표시한다. 이렇게 전기 자동차로 운행할 수 있는 범위를 보다 명확하게 알려줘 안심하게 한다.

어퍼 미터(upper meter)
눈으로 확인하는 횟수가 많은 정보를 표시, 전방의 한계에 관한 정보를 표시(속도, 외부 온도, 에코 인디케이터 등)

로워 미터 (lower meter)
차량 상태를 나타내는 정보 (배터리의 충전 상태, 항속 거리, 에너지 회생량, 경고 등)

◑ 닛산 [리프]의 전용 미터

내비게이션 시스템
일반적인 정보의 표시(EV 내비게이션에 의한 부가가치 정보, 운전자의 이해나 동작을 촉구하는 정보)

에코 인디케이터
환경이나 사용 전력을 배려한 운전을 지원한다.

◑ 닛산 [리프] upper meter

파워 미터
자동차가 회생하고 있는지, 출력하고 있는지 어떤 상태에 있는지를 표시한다.

용량계
배터리의 전체 용량을 표시

잔량계
배터리 잔량을 전체 용량에 대한 비율로 표시한다.

◑ 닛산 [리프] lower meter

안전 운전 지원 기능

전기 자동차를 막론하고 안전에 대한 추구는 세계의 모든 자동차 회사의 최대 목표이다. 특히 1990년대 중반부터 컴패터빌리티(Compatibility) 라는 단어가 사용되었고, 약자에 대한 배려가 한층 주목을 받게 되었다.

01 교통 전체의 안전을 생각한다

Compatibility는 양립성이라는 의미이지만 자동차 안전에서는 [공생]이라는 단어로 바꿔 놓을 수 있다. 도로 위는 큰 자동차나 작은 자동차 및 오토바이나 자전거도 함께 달리고 있으며, 횡단보도에서는 보행자가 건너고 있다. 따라서 여러 장소에서 교통사고들이 일어나고 있다.

큰 자동차와 작은 자동차가 충돌하게 되더라도 피해가 저감될 수 있도록 그리고 자동차와 오토바이나 자전거가 충돌하더라도 가급적 상대방을 보호할 수 있도록 그리고 사람에 대해서도 피해를 경감할 수 있는 자동차의 제작이 시작되고 있다.

02 보행자 보호에 중점

| 검지 |
| 검사하여 알아내는 것을 말한다. |

그 중에서도 가장 약자는 보행자이기 때문에 자동차가 보행자와 충돌하지 않도록 골안해 낸 것이 보행자 검지檢知 기능이 있는 **풀 오토 브레이크 시스템**이다. 카메라와 레이더를 병용하여 자동차의 전방을 검지하면서 주행한다. 만일 보행자가 차도로 튀어나올 때 미처 운전자의 조작으로 피할 수 없다고 판단되는 경우에는 자동차가 자동적으로 브레이크를 작동시켜 충돌을 미연에 방지하는 안전 기능이다.

물론 자동차의 안전은 운전자가 책임을 다해야만 하기 때문에 시스템의 작동에 있어서는 긴급 사태를 경고등 또는 경고음으로 운전자에게 알려주면서 회피 행동을 하도록 우선 독촉을 한다.

그럼에도 불구하고 운전 조작 등의 미숙으로 늦었다고 판단되면 자동 브레이크 기능이 작동한다. 그러나 이것도 저속의 경우라면 보행자에 부딪치지 않고 정지하겠지만 속도가 높을 경우는 추돌을 회피하기 어려운 상황이 될 수도 있다. 그 경우라도 속도를 가급적 늦추어 상해의 정도를 낮게 억제하려는 것이다.

◐ 예방 안전의 레이더 기능

전방의 장해물을 감시하는 **레이더**나 **카메라**를 설치하여 사고를 미연에 방지하는 예방 안전기술이 진보되어 왔다. 특히 보행자의 보호가 충실해지는 것이 최근의 경향이다. 그리고 주행 진로는 보행자의 움직임까지도 감시함으로써 위험한 상태에 있는지 여부를 취사선택한다.

그러나 옆길에서 튀어나오는 것 등에는 대처가 불가능한 경우도 있다. 따라서 예방 안전장치를 설치한다고 완벽하게 안전하다는 것은 아니다. 예방 안전장치가 있음으로 해서 운전자가 안심하고 자만하지 않도록 어디까지를 기계로 대처해야하는 것일까? 단순히 센서나 제어 기술의 개발뿐만 아니라 예방 안전을 확보해야 할 상황의 균형을 판별하는 것이 예방 안전장치 개발의 열쇠가 된다.

런 플랫 타이어Run-flat tire

펑크가 난 타이어를 교환하는 방법을 모르는 운전자들이 늘어나고 있다. 그리고 교통량의 증가로 타이어 교환이 위험한 경우도 있다. 런 플랫 타이어는 펑크로 인해 공기가 빠진 상태에서도 주행을 계속할 수 있는 타이어이다.

01 펑크가 나더라도 주행을 계속할 수 있는 타이어

타이어가 펑크로 인해 타이어 속에 충전充塡되어 있던 공기가 빠지면 타이어는 납작하게 찌부러진다. 찌부러져 평평하게 된 타이어라도 주행을 계속할 수 있기 때문에 **런 플랫**Run-flat이라고 명명되었다.

런 플랫 타이어의 구조는 간단하다. 타이어 측면인 **사이드 월**side wall **부분의 고무 두께를** 두껍게 하여 펑크로 인해 공기가 빠지더라도 증가된 고무의 두께가 자동차 차체를 지지하는 것이다. 국제규격 ISOInternational Organization for Standardization에 따르면 펑크가 나더라도 80km/h 이하의 속도로 80km 정도의 거리를 주행할 수 있는 것이 런 플랫 타이어의 성능 조건이다. 그렇게 주행을 계속해서 가까운 타이어 서비스 스테이션에서 타이어를 교환할 수 있게 한 것이다.

> **런 플랫**
> 공기가 빠진 상태에서도 계속 주행을 할 수 있기 때문에 런 플랫이라고 명명되었다.

02 런 플랫 타이어의 효용效用

런 플랫 타이어는 여러 가지 효용이 있다. 타이어의 펑크로 인해 자동차의 주행 안정성이 흐트러지며, 사고를 유발할 우려가 큰 폭으로 줄어들고 자기 스스로 타이어를 교환해야 하는 번거로움이 없다. 힘이 약한 사람도 불안감이 없고, 복장의 더러워짐을 신경 쓸 일도 없다.

고령화 사회에서는 몸이 약해질수록 자동차는 생활의 필수품이 되고 있다. 그리고 펑크의 불안에서 해방된다. 교통량이 많은 도로에서 대피할 곳을 찾지 못하는 상황일 경우에 펑크가 나더라도 안전한 장소까지 그대로 이동할 수가 있다.

그리고 좀처럼 사용할 경우가 없어진 스페어타이어는 자동차의 폐차와 함께 신품인 상태로 버려지는 경우도 없어진다.

◑ 브리지스톤의 런 플랫 타이어 내부 구조

일반 타이어
펑크로 인해 타이어 속의 공기가 빠지면 찌부러져 지지할 수 없다. 그대로 주행을 계속하면 타이어가 휠 림에서 빠져나가는 위험성도 있다.

런 플랫 타이어
펑크로 인해 타이어 속의 공기가 빠지더라도 타이어 측면의 고무로 지지할 수 있다.

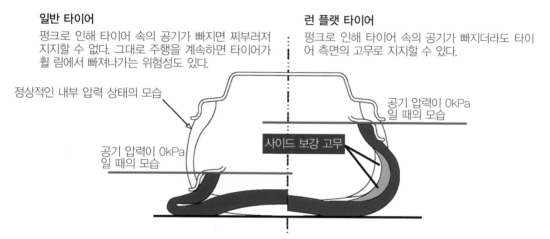

정상적인 내부 압력 상태의 모습

공기 압력이 0kPa 일 때의 모습

사이드 보강 고무

공기 압력이 0kPa 일 때의 모습

◑ 일반 타이어와 런 플랫 타이어의 펑크 시 비교

런 플랫 타이어의 장점은 많지만 사실 보급은 아직 부분적으로 밖에 되지 않았다. 위의 그림에 있는 것처럼 런 플랫 타이어의 역할을 위해 타이어 측면의 고무를 두껍게 만들고 있다. 즉, 그 부분이 단단하다는 것을 의미한다. 단단하다는 것은 일반적인 상태에서의 승차감이 딱딱하게 된다는 것으로 런 플랫 타이어는 전용의 **스프링**과 **쇽업소버**를 사용한 서스펜션의 설계가 필요하다.

한편 런 플랫 타이어는 안전성을 높이는 기능이 뛰어나지만 가격이 높은 타이어이기도 하다. 따라서 염가의 차종에서는 판매 가격의 상승으로 이어지는 런 플랫 타이어를 전 차종에 표준으로 장착하기가 어려운 상황에 처할 수도 있다.

PART 09

전기 자동차의 미래

내연기관 자동차와 마찬가지로 여러 가지의 매력을 갖춘 다양한 전기 자동차를 소개한다.

그 다음은 자동차의 이용방법에 대한 제안이다. 사회가 책임져야 할 환경과 에너지 확보의 과제는 전기 자동차가 보급되면 해결될 정도로 단순한 것은 아니다.

전기 자동차를 보급시킴과 동시에 그것을 어떻게 이용하는 것이 사회나 소비자에게도 편리하고 쾌적할 것인가?

EV 스포츠 카

전기 자동차는 무겁고 느려서 주행이 나쁘다는 막연한 인식을 갖고 있던 사람에게 EV 스포츠 카는 상상도 할 수 없었던 것은 아닐까. 그러나 사실은 모터로 달리는 EV는 가속성이 예민하다.

01 모터의 출력 특성을 활용하는 스포츠 카

미국 벤처 기업의 동향이라는 관점도 포함해서 테슬라 모터스의 **테슬라 로드스터**라는 EV 스포츠 카에 대한 이야기는 놀라운 것이다. 최고 속도는 200km/h 이상이고 출발에서부터 100km/h까지의 가속 시간은 독일의 대표적인 스포츠 **카인 포르쉐 911** 보다 짧다.

모터의 동력은 저속회전에서 최댓값으로 출력하는 특징이 있기 때문에 전기 자동차는 출발할 때부터 최대의 힘으로 가속하는 것이 가능하다. 가속이 좋은 것이 스포츠 카를 특징짓는 가장 좋은 성능이기 때문에 모터로 달린다는 것만으로도 전기 자동차는 원래 스포츠 카의 소양을 갖추고 있다고 해도 과언이 아니다. 경자동차인 미츠비시 i-MiEV조차도 터보 엔진을 탑재한 i 보다 가속성능이 뛰어나다.

02 속도에 대한 속성은 1990년대부터 증명되었다

빠르다는 점에서는 1994년에 미국의 제너럴 모터스(GM)가 임팩트3이라고 불리는 2인승 전기 자동차로 183.075 마일/h(292.92km/h)의 속도 기록을 남기고 있다. 그리고 스포츠 카는 아니지만 일본의 케이오慶應대학이 개발한 Ellica라는 8륜 전기자동차가 이탈리아의 Nard라는 타원형 코스oval course에서 370km/h의 최고속도를 기록한 바 있다.

크고 무거운 구동용 배터리도 리튬이온 배터리의 등장으로 얇게 바닥에 배치할 수가 있고 차량의 앞뒤 중량의 밸런스를 50 : 50으로 균등화함과 동시에 중심을 낮게 할 수 있어서 조종 안정성도 내연기관 자동차를 능가할 정도인 것이다. 전기 자동차는 스포츠 카를 위해서 존재하는 것 같다.

◑ 테슬라 로드스터 외관

◑ 테슬라 로드스터의 운전석

EV 고급차

전기 자동차는 조용하며, 그 조용함은 고급차에서는 없어서는 안 될 성능이다. 또한 배터리의 무게가 중후한 승차감을 준다.

01 고급 자동차의 특징인 정숙성

스포츠 카의 다음으로는 고급차이다. 내연기관 자동차에서도 **고급차라고 하면 조용한 것이 당연하다.** 그리고 차체가 크고 승차감이 푸근하다는 것도 고급 자동차가 사랑을 받는 이유의 하나이다. 전기 자동차는 엔진처럼 소리를 내는 부품이 없기 때문에 소리를 없애서 조용하게 하려는 노력을 하지 않아도 정숙성은 저절로 따라오는 성능이다. 그리고 배터리의 무게는 중후함을 준다.

내연기관 자동차의 고급 자동차는 차체가 크고 배기량이 큰 엔진을 탑재하기 때문에 차량의 중량이 무거워지고 그 무게가 안정된 승차감을 준다. 전기 자동차는 차체가 그만큼 크지 않아도 **구동용 배터리가 무겁기 때문에 저절로 안정된 승차감을 준다.** 따라서 내연기관 자동차에서는 좀처럼 실현하기 어려웠던 조용하고 고급스러운 승차감의 소형 자동차를 만들 수 있는 것이다.

> 정숙성
> 조용하고 엄숙한 성
> 질을 말한다.

02 빠른 속도도 고급 자동차의 가치 중 하나

케이오대학에서 Ellica라고 명명한 8륜의 전기 자동차 개발을 지도한 시미즈 히로시淸水浩교수는 전 직장인 국립환경연구소 당시부터 [전기 자동차는 스포츠 카와 고급 자동차에 최적이다]라고 주장하였다. 그것을 Ellica로 실현한 것이다.

고급 자동차에 타는 사람들은 사실 시간에 쫓기는 바쁜 사람들이기도 하고, 고급 자동차에서 배기량이 큰 엔진을 사용하는 것은 고속으로 주행할 수 있다는 점도 감안한 때문이다.

이런 점에서도 스포츠 카와 같은 가속 성능을 실현할 수 있는 전기 자동차야말로 고급 자동차로 안성맞춤이다. Ellica는 370km/h라는 초고속 성능을 달성하였다. "전기 자동차는 스포츠 카나 고급 자동차에서 그 가치를 전하고 보급시켜야 한다"는 것이 시미즈 교수의 지론이다.

◗ SIM-Drive [Ellica]의 외관 (왼쪽 앞에서 비스듬히 본 모습)

인휠 모터 8륜

개발 시의 스틸제

◗ SIM-Drive [Ellica]의 플랫 폼

1인승 EV

모터쇼에서 미래의 이동수단으로서 소개되는 것이 1인승 전기 자동차이다. 자동차로서의 자리매김은 아니지만 실제로 전동으로 움직이는 시니어 카(senior-car)가 고령자의 발로써 이미 활약을 하고 있다.

01 주행은 물론, 사람과의 교류에도 EV

전기이기 때문에 가능한 이동수단이 1인승 전기 자동차이다. 물론 스쿠터에 사용되는 소형 엔진으로도 1인승 자동차를 움직이게는 할 수 있다. 그러나 환경을 배려한 배출가스 처리나 만일의 사고에 대비한 안전한 연료 탱크 등 종합적으로 자동차의 제작을 생각한다면 모터로 달리는 교통수단이 훨씬 간편하게 만들 수 있다.

그리고 그대로 실내로 들어갈 수도 있다. 1인승이라는 것은 차체로 둘러싸인 교통수단이라기보다는 오토바이나 자전거에 가까운 교통수단으로써 사람과 사람의 교류 등도 고려했다는 점이 모터쇼에서 소개되는 모습이기 때문에 그런 점에서도 엔진의 배기음과 같은 소음이 없는 전기 자동차가 보다 더 사람들과의 교류에 실감 있게 이용될 수 있을 것이다.

◑ EVE-Cub

◑ 혼다 몬팔

02 집에서 충전하기 때문에 생활 속으로 파고 들어갈 수 있다

자동차라는 모습을 떠나 스쿠터보다 더 간편한 차륜 위에 사람이 타고 이동하는 **show car**의 발표도 있었다. 이 경우에도 역시 엔진으로는 성립시키기 어려워진다. 엔진은 고온을 발생시키기 때문에 엔진에 접촉되지 않도록 덮개도 해야 하고 또한 냉각도 빠트리면 안되므로 아무리 해도 대규모의 교통수단으로서나 사용하는 게 좋을 것이다.

미래에는 어떤 자동차나 교통수단이 발전하고 보급되면서 사람들의 생활을 책임지는 도구가 될 수 있을까? 아직 1인승 전기 자동차는 모두 구상단계이지만 동력을 사용하여 타이어를 회전시켜서 달릴 때 일상적인 사용 편리성도 포함해 생각해보면 집에서도 충전이 가능한 전기를 사용하여 모터로 달리는 방식의 응용 범위는 미래에 한층 더 확대되어 나갈 수 있을 것으로 생각된다.

◑ 스즈키 시니어 카

◑ 야마하 EC-03

◑ EVE-neo

◑ 도요타 i-REAL

플러그인 하이브리드 자동차

2012년에 토요타에서 플러그인 하이브리드 카가 시장에 도입되었다. 플러그인 이란, 충전의 의미이다. 충전도 할 수 있는 하이브리드 카인 것이다.

01 하이브리드 카 + 전기 자동차

전기 자동차는 1회 충전으로 주행할 수 있는 거리가 한정되어 있기 때문에 그 이동 가능한 거리를 기준으로 이용하는 방식이 고려되었다. 그리고 주행 거리를 늘리려면 보충전을 고려하여야 한다.

그러나 현 단계에서는 아직 전기 자동차의 이용에 소비자가 익숙해져 있지 않고 보충전이 가능한 환경도 충분히 갖추어져 있지 않다. 이 점이 전기 자동차에 대한 불안을 불러일으키는 것이다.

> **플러그인 하이브리드 차**
> 가정용 전기나 외부 전기 콘센트에 플러그를 꽂아 배터리를 충전한 전기로 모터를 구동하여 주행하다가 충전한 전기가 모두 소모되면 엔진의 동력으로 주행하는 자동차이다. 전기의 동력과 엔진의 동력을 동시에 이용하는 자동차이다.

반면에 하이브리드 카는 내연기관 자동차와 마찬가지로 주유소에서 급유를 하면 절반 정도의 연료로 달릴 수 있는 큰 폭의 연비 개선이 가능하다. 한편 일부 하이브리드 카는 전기 자동차와 마찬가지로 모터만으로 주행할 수가 있다. 그 모터로 주행거리를 조금 더 길게 할 수 있다면 일상적인 근거리 이용은 전기만으로 될 가능성이 있다. 그래서 등장한 것이 플러그인 하이브리드 카이다.

02 전기를 모두 소비하여도 더 달릴 수 있다

이제까지는 충전이 필요 없었던 하이브리드 카였지만 플러그인 하이브리드 카에서는 전기 자동차와 마찬가지로 집에 돌아가면 충전을 한다. 그 전기를 이용하여 20km 정도는 모터만으로 달릴 수 있게 된다.

그 후 배터리에 충전된 전기가 모두 소비되어도 이후는 하이브리드 카로서 가솔린을 사용하면서 모터도 병용하여 내연기관 자동차의 절반 정도의 연료 소비로 주행을 계속할 수 있으므로 전기가 모두 소비되어도 불안에서 해방된다.

일상적으로는 전기 자동차의 주행거리로 만족할 수 있겠지만 때때로 멀리
여행을 할 때에는 플러그인 하이브리드 카가 부응해준다.

◗ 토요타 [Prius 플러그인 하이브리드]의 외관

◗ 토요타 [Prius 플러그인 하이브리드]의 차안

◗ 토요타 [Prius 플러그인 하이브리드]의 충전 케이블

chapter

05

주차와 기반시설

전기 자동차가 등장한 배경은 생활 속에서 CO_2의 배출량을 종합적으로 줄이려고 하는 생각에 있다. 교통이란 측면에서 생각해 보면 개인적으로 자동차를 타는 것보다 공공 교통기관을 이용하는 것이 한 사람당 CO_2배출량이 훨씬 줄어든다.

01 자동차를 사용하면서도 1인당 CO_2 배출량을 줄인다

1인당 CO_2 배출량을 줄이는 방법으로서 등장한 것이 **주차와 기반시설**라는 자동차 이용 방법이다. 이것은 전기 자동차에 한정된 이야기가 아니라 내연기관 자동차에서도 활용이 가능한 자동차의 이용 방법이다.

자택에서 가까운 대중 교통수단의 역까지 자신의 자동차로 가고 역에서부터는 전철이나 버스 등 대중 교통수단으로 갈아타 목적지로 향하는 것이다. 이렇게 함으로써 혼자서 타는 자동차의 주행거리를 줄이고 공공 교통기관의 이용을 촉진한다. 주택지가 교외로 뻗어있는 미국에서 발전해 왔다.

02 전기 자동차에 안성맞춤인 활용방법

전기 자동차는 1회 충전으로 주행 가능한 거리에 제약이 있다. 그러나 근처에 있는 대중 교통수단의 역까지라면 전기 자동차의 성능으로도 충분하다. 그리고 역에 있는 주차장에 세워두거나 아니면 가족의 전송과 마중으로 전기 자동차를 이용하여 자동차의 1인승 거리를 줄이고 대중 교통수단의 적극적인 이용을 촉진하고 있다. 주차와 기반시설의 방법에 전기 자동차는 안성맞춤인 성능이다. 그리고 전기가 완전 소비될까 조바심 할 필요도 없는 것이다.

교외에 있는 주택지에서 전기 자동차의 주차와 기반시설를 추진하기 위해서는 공공교통기관 측의 협력이 필요하다. 역의 주차장에 충전 콘센트 설치가 바람직하기 때문이며, 그것이 꼭 급속 충전기일 필요는 없다.

대중교통 수단을 이용해 외출하는 경우에는 보통 몇 시간 정도는 되돌아오지 않기 때문에 110~220V의 가정용 콘센트 정도로도 충전은 충분할 것이다. 또한 실제로는 충전하지 않아도 되는 경우가 대부분일 것이다. 왜냐하면 자택에서 근처의 역까지는 불과 수km의 거리이기 때문이다.

◑ 역사의 주차와 기반시설 이미지

◑ 음식점 주차장에서의 충전 설비 이미지

참고 문헌

- 골든벨, 『Motor Fan illustrated Vol1』, 친환경 자동차
- 골든벨, 『Motor Fan illustrated Vol3』, ENGINE Technology
- 골든벨, 『Motor Fan illustrated Vol4』, HYBRID
- 골든벨, 『Motor Fan illustrated Vol8』, 드라이브라인
- 골든벨, 『Motor Fan illustrated Vol10』, 조향 · 제동 · 쇽업쇼버
- 골든벨, 『Motor Fan illustrated Vol11』, EV기초 & HYBRID
- 골든벨, 『Motor Fan illustrated Vol13』, 타이어
- 골든벨, 『Motor Fan illustrated Vol16』, 브레이크 안정성 테크놀로지
- 골든벨, 『Motor Fan illustrated Vol20』, 현가장치
- 골든벨, 『Motor Fan illustrated Vol23』, 자동차의 대체에너지
- 골든벨, 『Motor Fan illustrated Vol24』, 엔진협조제어
- 골든벨, 『Motor Fan illustrated Special Vol1』, 가솔린 파워유닛
- 골든벨, 『Motor Fan illustrated Special Vol2』, 가솔린 엔진 부속장치
- 김응채 외 4명, 『모터의 테크놀로지 한진』
- 三榮書房, 『Motor Fan illustrated Vol7』, 安全技術の現在
- 三榮書房, 『Motor Fan illustrated Vol11』, 曲がる, 止まるのテクノロジー
- 三榮書房, 『Motor Fan illustrated Vol15』, 最新自動車技術總覽
- 三榮書房, 『Motor Fan illustrated Vol16』, Electric Drive
- 三榮書房, 『Motor Fan illustrated Vol22』, 次世代自動車開發前線
- 三榮書房, 『Motor Fan illustrated Vol27』, 最新自動車技術總覽
- 三榮書房, 『Motor Fan illustrated Vol41』, 30km/ℓ のテクノロジー
- 三榮書房, 『Motor Fan illustrated Vol45』, NEW MOBILTY
- 三榮書房, 『Motor Fan illustrated Vol55』, 電氣自動車
- 三榮書房, 『Motor Fan illustrated Vol56』, ステアリング完全理解
- 三榮書房, 『Motor Fan illustrated Vol60』, 自動車技術 過去 · 現在 · 未來
- 三榮書房, 『Motor Fan illustrated Vol67』, ハイブリッド在正義
- 三榮書房, 『Motor Fan illustrated Vol90』, クルマエレキ
- 三榮書房, 『Motor Fan illustrated Vol91』, 電光石火, 自由自在?
- 三榮書房, 『Motor Fan illustrated Vol104』, もうガソリンなんて, いらない
- 三榮書房, 『Motor Fan illustrated Vol106』, タイヤの解剖
- 三榮書房, 『Motor Fan illustrated Vol127』, サスペンション圖鑑
- 三榮書房, 『Motor Fan illustrated Vol133』, 電氣のチカラ
- 三榮書房, 『Motor Fan illustrated Vol139』, MOTOR PERFECT GUIDE

- 현대자동차, https://www.hyundai.com/kr/ko
- 기아자동차, https://www.kia.com/kr/main.html
- 르노삼성자동차, https://www.renaultsamsungm.com/2017/main/main.jsp
- 한국지엠, http://www.gm-korea.co.kr/gmkorea/index.do
- 대진씨티엔티, http://www.ctnt.co.kr/default/
- 마쯔다, http://www.media.mazda.com/
- 토요타, https://www.toyota.co.jp/service/presssite/dc/welcome
- 닛산, http://www.nissan-newsroom.com/EN/
- 혼다, http://www.honda.co.jp/
- 미쓰비시, http://www.mitsubishi-motors.com/en/
- SiM-Drive, https://www.sim-drive.com/technology/index.html
- 아우디 재팬, http://www.audi.co.jp/audi/jp/jp2/press_center.html
- 다이하츠, https://www.daihatsu.co.jp/media/index.htm
- BMW http://www.press.bmwgroup.com
- 森本雅之著, 電氣自動車 森北出版株式會社
- 井出萬盛著, これだけ! モータ 秀和システム
- 坂子一隆 외 1명, これだけ! 電池 秀和システム
- 坂本一郎著, これだけ! 燃料電池 秀和システム
- 井出萬盛著, 最新モータ技術の基本とメカニズム 秀和システム
- 飯塚昭三著, 燃料電池車·電氣自動車の可能性 グランプリ出版
- 電氣學會·42V電源化調査專門委員會 自動車電源の42V化技術 Ohmsha
- 出口欣高, 外4 電氣自動車の制御システム 東京電氣大學出版局

Index

가나다 별

저자 약력

강주원   (現) 그린자동차직업전문학교
               (前) 부산자동차고등학교 자동차과 교사

이진구   (現) 한국오토모티브컬리지 학장
               (前) 신진자동차고등학교 교장

Electric Vehicle Primer

전기자동차

초 판 인 쇄 | 2019년 1월 7일
제1판7쇄발행 | 2024년 6월 10일

저　　자 | 강주원 · 이진구
발 행 인 | 김길현
발 행 처 | (주) 골든벨
등　　록 | 제 1987-000018호　 ⓒ 2019 GoldenBell Corp.
I S B N | 979-11-5806-344-3
가　　격 | 24,000원

교　　정 | 이상호 · 안명철 · 김준규　　　　　**제작진행** | 최병석
디 자 인 | 조경미 · 박은경, 권정숙　　　　　　**공급관리** | 오민석 · 정복순 · 김봉식
웹매니지먼트 | 안재명 · 양대모 · 김경희　　　　**오프 마케팅** | 우병준 · 이대권 · 이강연
회계관리 | 김경아

(우)04316 서울특별시 용산구 원효로 245(원효로 1가 53-1) 골든벨 빌딩 5~6F
• TEL : 영업부 02-713-4135 / 기획디자인본부 02-713-7452
• FAX : 02-718-5510　　• http : //www.gbbook.co.kr　　• E-mail : 7134135@naver.com